U1004148

潮汐河口盐水入侵理论解析研究

Study on Analytical Theory of Salt Intrusion in Tidal Estuaries

徐龑文　张　蔚◎著

河海大学出版社
HOHAI UNIVERSITY PRESS

内 容 提 要

本书以典型潮汐河口珠江三角洲虎门为例，进行了系列的研究工作，提出盐水入侵非稳态解析模型，构建理论解析式的盐水入侵动力机制分解模式，结合实测资料探讨多源潮汐河口盐水入侵时空变化规律与其内在的动力机理特性。全书共分为六章：第一章为绪论，第二章为潮汐河口盐水入侵扩散特征，第三章为多源河口盐水入侵分布特征，第四章为潮汐河口盐水入侵时空特征，第五章为潮汐河口盐水入侵动力机制，第六章为结论和展望。

图书在版编目(CIP)数据

潮汐河口盐水入侵理论解析研究/徐龑文，张蔚著.—南京：河海大学出版社，2018.10

ISBN 978-7-5630-5629-3

Ⅰ.①潮… Ⅱ.①徐… ②张… Ⅲ.①河口—盐水入侵—研究 Ⅳ.①P641.4

中国版本图书馆 CIP 数据核字(2018)第 168424 号

书　　名 潮汐河口盐水入侵理论解析研究
书　　号 ISBN 978-7-5630-5629-3
责任编辑 江　娜
特约校对 张　堃
封面设计 徐娟娟
出版发行 河海大学出版社
网　　址 http://www.hhup.com
地　　址 南京市西康路 1 号(邮编：210098)
电　　话 (025)83737852(总编室)　(025)83787156(编辑室)
(025)83722833(营销部)
经　　销 江苏省新华发行集团有限公司
排　　版 南京新翰博图文制作有限公司
印　　刷 虎彩印艺股份有限公司
开　　本 787 毫米×960 毫米　1/16
印　　张 9.25
字　　数 154 千字
版　　次 2018 年 10 月第 1 版
印　　次 2018 年 10 月第 1 次印刷
定　　价 48.00 元

致　谢

本书由国家重点研发计划项目(2017YFC0405900),国家杰出青年科学基金项目(51425901),河海大学海岸灾害及防护教育部重点实验室开放研究基金项目(201704),中国博士后科学基金项目(2017M621611),国家自然科学基金项目(41676078)以及江苏省“六大人才高峰”项目(XXRJ-008)资助。

前　言

河口是河流与海洋交汇过渡的区域，由环流动力和咸淡水混合导致的盐水入侵是河口的一个重要特征。当上游径流流量不足，海水上溯，咸淡水混合造成上游河道水体变咸，即形成咸潮。正常年份的盐水入侵，被称为“咸潮”，若频率过密或影响严重，则是灾害性咸潮，成为“咸灾”。河口地区人口稠密，经济繁荣，三高农业和养殖业发达，而盐水入侵导致上游河流中各粒子组成比变化，不仅影响水生物生长，给淡水养殖带来经济损失，还直接危害到居民的日常生活及工农业用水。近年来，受全球气候变化影响，加之三角洲地区人类活动强度的不断加深，河口盐水入侵加剧造成的咸潮灾害正逐渐成为世界范围内河口区淡水资源和生态环境所面临的严重挑战。

我国珠江河口河槽分汊多变，径流与潮流相互消长，水动力作用复杂，是一个典型的丰水潮汐河口，也是珠江三角洲最为重要淡水水源地。然而，近年来在自然与人类活动因素的双重作用下，珠江三角洲已成为我国咸灾最为严重的地区之一。2005—2013 年，珠江三角洲下游地区连续 9 年出现特大咸潮灾害。连年来，珠江口盐水入侵持续呈现咸潮高频、持久不退的现象，从其频频遭受咸潮危害，枯季氯度不断上升的趋势可知，珠江口盐水入侵加剧已成不争的事实。大范围、高强度的盐水入侵对珠江三角洲水资源安全和水生态环境构成了严重威胁，在很大程度上已经严重制约了该地区的社会经济发展。对珠江河口三角洲咸潮致灾机理及其变化规律的研究，已成流域水资源保护和开发利用迫切需要解决的科学问题。可以预见，剖析河口盐水入侵现象的本质机理，不仅可为珠江河口三角洲河口水资源的合理开发利用探索提供科学依据，还将对河口三角洲地区的资源环境、社会发展带来重大的经济效益和社会效益。

盐水入侵的常用研究手段包括解析模型和数值模型，两者各具优势。数值模型建立于动力方程，可以模拟任意水动力组合状态，尤其适用于大型工程规划应用，但模型建立和运行表现得较为复杂并具有一定间接性。盐度解析模型立足于实测数据，从盐度对流扩散方程出发，直观地反映盐水入侵的本质过程，是对物理现象机制最根本的认识来源。除了机理认识上的优势，盐水入侵解析模型在工程实际应用中还可以作为一种快速便捷的预测工具。在现场资料极度有限的情况下，仅依靠潮汐表和区域航拍图，解析模型即可进行基础预测工作，确定工程河口盐水入侵的基本特征；而在获知河口水动力及盐度资料的情况下，解析模型又可提供河口盐水入侵高精度的模拟结果。模型的适用性已在全球20多个河口得到论证，包括本文涉及的珠江口虎门和磨刀门。

起始于20世纪60年代，盐度扩散解析模型的研究已积累了一定的理论基础。其中，一维盐度纵向扩散解析模型凭借其直观、便捷、高效的优点，在全球数十个河口的盐水入侵空间分布问题中得到了有效应用。但研究中仍存在一些不足，研究成果亦不够完善，还有一系列科学问题需要深入研究。本书所做的工作一方面旨在进一步完善河口盐水入侵解析模型的基础理论支撑体系，另一方面期望改善虎门研究成果相对较少的现状，进一步丰富对珠江三角洲盐水入侵现象科学的认知。

综上，本书围绕潮汐河口盐水入侵问题，通过理论解析分析手段，以珠江口虎门为例，进行了系列的研究工作，共分四章内容进行讨论。第二章描述潮汐河口盐水入侵扩散特征；第三章分析多源河口盐水入侵分布特征；第四章确认潮汐河口盐水入侵时空特征；第五章阐明潮汐河口盐水入侵动力机制。本书研究的主要特色和创新点之处可概括为以下三点：

(1) 建立河口盐水入侵非稳态解析模型，突破以往稳态解析模式不能反映潮周期内盐度扩散的局限是本书的创新之一。盐度扩散解析分析是研究盐水入侵机理的有效手段，但目前的理论解析解基本都是基于忽略时间项的函数表达，本文通过还原时间项，充分考虑实际河口地形变化以及径流、潮流的相互作用，引入规则和不规则半日潮河口潮流变化特征，给出河口盐度扩散的非稳态解析模式。

(2) 推求河口盐度通量输运机制的理论解析表达，揭示河口盐度扩散机制，是本书的另一创新之处。以往盐度通量输运动力机制分解多依赖于经验公式，本文基于盐度扩散非稳态模型，给出断面盐度通量机制分解的解析表达式，利用解析手段定量明确潮汐河口盐度输运过程的内在物理机制。

(3) 区别于单一河道盐度扩散的过程和机理，开展复杂河口存在多源径流影响的研究，是本书的应用创新之处。珠江口虎门盐水入侵研究开展相对较少，且虎门区域具有独特的多江汇流的特点，其盐度扩散规律与单一河道是由相对稳定的径、潮动力关系所控制不同，在解析模型中考虑多源径流的作用，可以解决单一河道盐度扩散模型不能反映多源径流引起的盐度区域分布存在突变特征的缺陷。

目　　录

第一章
绪　论

1.1　研究背景与意义

全球超过 60%的人口，以及 2/3 的大中型城市，都生活或构筑在河口之上。河口的健康和安全，不仅关系到生态系统的完整性，也关系到人类社会经济的可持续发展。而在气候变化和人类活动的影响下，世界范围内河口盐水入侵都有明显加剧的趋势，盐水入侵作为新时期河口面临的威胁之一，正在迅速地、大范围地侵蚀着河口三角洲生态系统。盐水入侵的加剧不仅直接影响着河口的水资源安全，还与河口局部动力变化、泥沙运动及河床滩槽演变等重要问题密切相关。因此，开展盐水入侵特征分析与动力机制研究，对河口动力理论基础研究、河口综合治理以及河口资源的可持续发展等方面具有重要的意义，也是当前海岸工程科学领域的研究热点之一。而目前针对盐水入侵的研究仍不够完善，已有的成果多基于数值模拟和现场观测手段对盐水入侵特征及部分现象机理做了若干讨论，针对其入侵动力机制还没有形成成熟的认识，亟须开展更系统深入的研究。

对于潮汐河网口门区域，由于其地形复杂且汇入的径流源较多，使得潮波在上溯过程中的变形过程相对复杂，从而对盐度平面扩散和垂向掺混都产生了重要影响。盐度解析模型立足于实测数据，从盐度对流扩散方程出发，可以直观地反映盐度输运的物理过程，同时从机理上解释河网河口盐度输运的主要影响因素及作用机理，但由于解析控制方程中时间项的存在增加了方程的非线性，从而加大了求解难度，因此以往河口盐度扩散理论解析模型基本都忽略了时间项，仅研究稳定状态下的盐度上溯距离的包络范围。但潮汐河口的盐度分布在径、潮相互作用下，呈现出具有明显区域性特点的周期性变化规律，这一规律对于已在盐水界影响范围内的河口工程，比如钢铁厂取水口的工作时间等就具有非常重要的参考价值，而考虑盐度随时间变化的非稳态解析模型不仅可以反映潮汐河口盐度变化的时空规律，亦可解释河口动力地貌物理过程对盐度扩散的影响机理，因此具有重要的科学研究意义。

我国珠江河口是一个典型的丰水多汊道潮汐河口，也是珠江三角洲最为重要的淡水水源地。而近年来由于高强度、大范围的挖沙引起了河床快速下切，其变化幅度大大超过了自然演变的过程，直接改变了河道自然地貌特征，导致珠江三角洲潮汐动力强度显著增强，诱发盐水界(0.5‰)较 20 世纪 60 年代平均上溯增加 20～30 km，直逼广州等大中型城市(图 1.1)。自 2004 年以来，其下游地区连续 10 年出现特大咸潮灾害，沿岸城市出现饮水紧张局面，受影响人口超过 1 500 万。

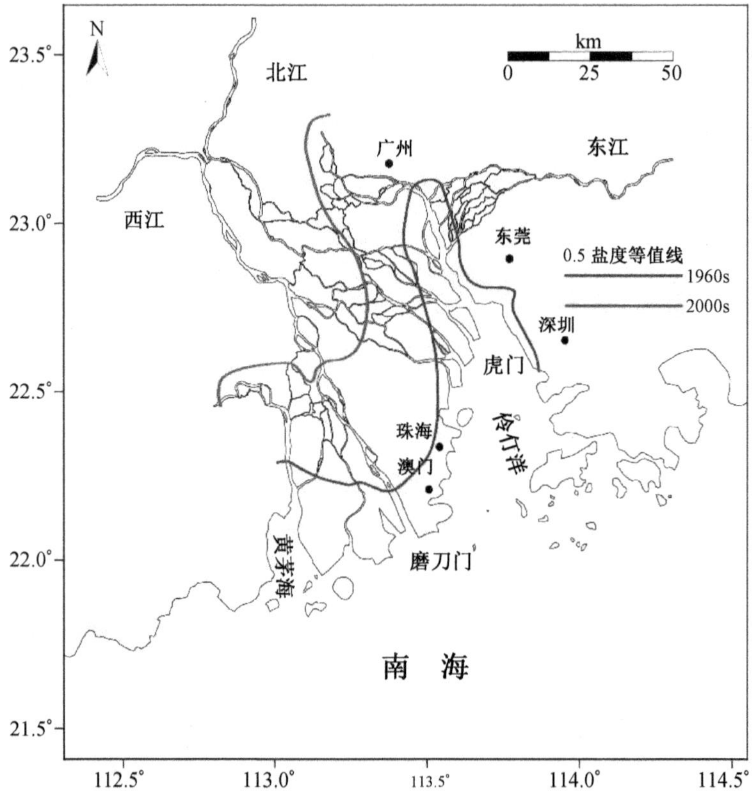

图 1.1 珠江三角洲盐水入侵范围示意图

珠江三角洲是河网型三角洲，其河口区河汊发育，水网密布，上游径流由西江、北江、东江三大河系组成，到了下游相互沟通，呈 8 条放射状排列的分流水道通过八大口门流入南海。八大口门由于其净泄量和地理位置的不同，径潮动力差异性显著，其中虎门的潮流动力最强，而磨刀门的径流动力最强，不同的径潮动力组合使得各个口门的盐度扩散规律和盐水入侵动力机制存在差异性。磨刀门由于其为澳门供水的特殊性，且存在小潮期盐水入侵加剧的独特现象，是目前八大口门中研究较多的区域，而虎门河口作为珠江三角洲潮流动力最强、盐水入侵最严重的口门，研究却相对较少，因此开展珠江口盐水入侵特征规律研究，分析典型强潮河口虎门的盐水入侵机制，在珠江河口盐水入侵日益加剧的大背景下无疑具有重要的实际意义。

1.2 国内外研究现状

1.2.1 盐水入侵研究发展

河口盐水入侵问题的研究主要集中在：纵向扩散，垂向掺混以及相对应机制这三个方面。对河口盐水入侵作用的认识大体上始于 20 世纪 50 年代初，研究的重要启发来自早期的河口水力模型试验。美国佐治亚州 Savannah 河口水力模型试验在采用两股淡水模拟河口动力混合过程中遇到了阻碍，当试验研究员尝试性地在模型海洋部分水体中加入了适当的盐分以模拟天然海水时，模型的模拟精度意外得到了很大地提升。这一研究成果吸引了一大批科研工作者相继将科学研究聚焦到了河口盐、淡水混合特征的探索之中。针对河口盐水入侵的最早期工作主要是通过实测资料，对河口地区盐、淡水掺混扩散特征进行分析，发现受盐水入侵作用的影响，河口水体产生了垂向的净环流，具体表现为表层水体向海而底层水体向陆流动的水动力特征。20 世纪 50 年代初期，Pritchard 通过对美国 Chesapeake 湾和 James 河口的实测盐度资料分析，阐述了河口盐、淡水混合环流机制。至 20 世纪 60 年代中后期，随着不同河口研究工作的相继开展和深入，为了能够系统地对河口盐水入侵现象做归纳研究，根据河口地形、潮波变形、潮差等不同特征标准将河口划分成不同种类。其中根据河口盐、淡水混合分层特征判断河口类型的分类标准的应用最为广泛。河口分层主要是因为海水和上游淡水间存在密度差异，这种分层现象受到潮流动能和淡水势能的影响，前者对分层现象起抑制作用而后者却会加强河口分层。为实现河口的量化分类，Simmons(1955)首先提出盐、淡水体积比(the volumetric ratio)N作为判断河口混合程度的河口分层因子。接着，通过进一步考虑相对密度差的影响作用，Fischer(1979)提出了河口理查森数(Estuarine Richardson number)N_R，而Thatcher和Harleman(1981)则定义了河口系数E_D。同时，通过对河口动力特征长期研究发现，尽管河口地区动力存在多元性，但是潮流和径流在河口动力中是两个绝对占优的存在。研究发现，正是小尺度范围内紊流扩散，以及大尺度平流速度场的不断变化，造成了河口出现盐、淡水交换的混合现象。一般研究将河口混合驱动力简化成三个部分，潮流驱动、径流驱动和风驱动，值得注意的是盐水入侵是一个大时间尺度的混合研究，因此风力驱动是一个影响较小的因素。潮汐驱动产生了许多不同的混合机制。Fischer(1979)发现，一种由潮汐能量驱动的稳定环流是盐水能够抵住上游来流，进行向上游输运活动的原因，于是他将这种极其重要的大尺度混合机制定义为潮泵效应(tidal pumping)。虽然大部分潮汐驱动动力机制对于稳态盐水纵向扩散没有太大的影响，但是在一些地形高度不规则河口，潮汐驱动引起的潮汐捕捉(tidal trapping)混合机制却成为盐水纵向扩散的主要原因。潮汐进入河口时，潮水填满了潮滩以及不平整的河岸，而在退潮时这些区域内的盐水却难以及时退去，相对主河道出现了延迟，进而导致了盐度的纵向扩散，这种现象就被定义为潮汐捕获。这是由于浅湾中的水流和毗邻主潮汐河道中的水流间存在相位差引起的一种额外的混合。径流驱动引发了密度驱动环流，亦称重力环流。通常，发生重力环流时总会伴随着一个垂直向的盐度分层，且盐度梯度最大处重力环流最为剧烈，重力环流与纵向盐度梯度成正比，且随着向岸方向盐度梯度的不断增大，其密度驱动扩散也不断增强。其中，对于较宽河口，密度驱动引起的河口混合现象绝大部分是由于横向分层引起的，重力扩散可以用一个关于河口宽度及盐度梯度的函数表示；而对于狭窄河口，其重力环流则跟纵向盐度梯度和水深的三次方成正比。在定性研究的基础上，通过对简化重力环流基本模型的分析，定量确定了重力环流与纵向盐度梯度的具体关系式。该重力环流解析模型再次论证了“重力环流取决于纵向的盐度梯度”的结论，同时也从机理上解释了为何潮汐驱动在狭窄河口未必占优，而重力环流在较宽河口中亦未必占优的原因。一般情况下，考虑河口地貌的收敛效应,在收敛长度较短的河口,其口门一般较宽,然而盐度梯度较小,故潮汐驱动混合占优;在收敛长度较长的河口,其沿程宽度变化不大,可视为窄河道,但盐度梯度较大,此类河口表现为重力环流占优。盐度通量分解法是研究盐度输运机制常用的方法,最早由 Hansen(1965)提出,以河口流速、盐度垂向及横向变化来描述河口盐度通量,研究河口盐度输运机制。此后,不少学者纷纷发展了各自的分解法来量化盐、淡水混合机制,通过分析盐度、流速、水位等各项因子间相互作用引起的盐度通量值来判断河口的主导混合机制。但是这种方法依旧存在许多不足,一方面实测资料有限,加之观测误差的存在,机制分解的结果也未必与实际情况相符;另一方面不同机制分解方法得到的结果会有所不同,普遍认可的理论支撑亦不足够。因此,考虑到有限的实测资料给统计分析法带来的局限性,一些学者对盐水扩散的研究,选择从宏观角度通过发展数值模型和简单解析模型来模拟分析河口的动力过程及盐水扩散范围,而不再仅仅依据实测数据着眼局部掺混扩散机制的研究。随着计算机计算能力的不断提高,一维、二维以及三维数值模型方法得到了极其快速的发展应用,例如 MIKE11(1-D)、MIKE21(2-D)、MIKE3(3-D)以及 DELFT3D(3-D)。这些模型综合了 GIS,为研究者提供了一个更加广泛的应用区域,以研究河口动力特征以及河口盐度通量输运机制。但是这种预测方法也存在其应用的局限性。一方面,由于多维数值模型需要较为完备的水深、岸线等地形资料以及足够多的野外实测水文资料来进行前期的模型率定、验证工作,因而在资料相对缺乏的河口较难建立相应的数学模型;另一方面,仅靠数值模型的计算结果,研究者无法直接地判断分析盐度平衡方程中参数间的相互作用关系以及相关因子变化对盐水入侵的影响。因此,也有许多科研工作者基于对流扩散方程建立了解析模型,以求更加简单直观地分析盐水入侵过程中各个主要物理参数间的相互关系,加深对河口盐水物理过程的认识。

1.2.2 盐水入侵解析模式

针对盐水入侵的研究方法主要包括实测资料统计分析、数值模拟和解析分析,每一种研究方法都有其特有的优势及存在意义。统计分析方法因完全依赖于现场观测资料,故可提供最客观、最可靠的实地分析结果。而数值模型不仅可以模拟河口大尺度盐、淡水时空变化现象,还具有便捷应用性强、时空应用范围广、结果可视性优等特点。解析分析方法是一种经典物理机制分析手段,它可以通过盐水入侵解析方程中各项因子间的数学关系，直观地判断各个主要物理参数间的相互作用，以便更深刻地认识河口盐度扩散的物理过程。

河口盐水入侵的理论解析模型作为一种经典的研究方法，最早起始于20世纪60年代。从其发展历史来看，模型构建多设定河口处于某个平衡状态，即研究潮汐周期运动过程中的特征稳定状态，如涨憩和落憩时刻。在这种稳态模型设定下，通过等截面水槽试验，模拟确定了解析模型中决定瞬时纵向盐度分布的基本参数。Ippen和Harleman(1961)通过等截面河口部分混合盐水实验研究，确定了解析模型中决定瞬时纵向盐度分布的基本参数。随后，一些学者结合浮力驱动引起的潮、径混合动力基于盐度守恒建立起了一个二维模型，并将该模型与一维对流扩散方程相耦合得到了一个更为复杂的解析模型，用于研究棱柱型水道中的盐水分布情况。20世纪70年代，基于实验室水槽试验建立半经验解析模型的研究，在预测分析河口盐度纵向扩散特征方面有了较为广泛的应用。然而，经过长期的水槽试验研究发现，河口收敛形态（即水槽形状）对于口内盐度分布有着不可忽略的重要影响。同时现实中的河口与矩形水槽确实也存在差异，基本不会呈现出完全棱柱形状态。因而，进入20世纪80年代，有学者通过对一个河宽、水深沿程不断变化的水槽试验结果研究分析，确定河口断面面积变化是决定河口盐水分布的一个重要因素，进而基于盐度扩散解析模型中混合系数的分类别讨论，发现不同类型的取值对计算盐度分布特征的影响显著，最后结合河口实测资料阐明了盐水入侵解析模型计算盐度分布特征以及盐度扩散系数选用的局限性。而后，20世纪80年代末期，经过长期实地考察发现，冲积型河口在自然状态下，河口岸线多呈现指数递减的变化规律。与此相应的，在这种指数递减的假设之下，基于稳态盐度对流扩散方程，推得的盐水入侵解析模型是分析径、潮流和地形对河口盐度扩散分布作用的一种十分有效的方法，并且在世界范围内表现出了极好的适用性。这种解析模型通过一个盐度纵向对流扩散系数混合了盐水入侵的所有机制，使用极少的实测资料，以最简单、直观的形式反映盐水入侵的物理过程，其高效性、精确性在全球20多个实际河口得到了成功验证，其中包括马来西亚的6个未设测站的天然河口。特别的是，这种指数收敛假设下建立的盐水入侵解析模型不仅适用于单河道河口，在多汊道的河口同样也表现出色。我国长江河口作为一个典型的多汊河口，三级分汊四口入海，尽管在分汊地貌形态上更显复杂，国内学者依旧通过分级解析组合的方法成功建立一维盐水入侵解析模型反演了盐水在长江口的上溯过程，并且基于此提出了一种新的预测多汊径流分配的解析方式。进入21世纪之后，依然有很多学者潜心于解析模型的理论剖析和完善研究。Prandle(2004)假设河口宽度和深度都遵循幂函数而发生变化，基于盐度、速度的垂向结构潮汐线性化理论，提出了一个针对盐、淡水部分混合型河口平均潮态下的盐水入侵解析计算公式。Brockway(2006)通过综合Prandle(1981)和Savenije(1986)的假设模式，在其解析模型中将盐度纵向对流扩散系数常数化，推导出了一个最为简捷的盐水入侵预测解析模型，再一次降低了建模过程对实测资料的需求，进一步提高了预测效率。Gay和O'Donnell(2007)基于自建的一维纵向盐度分布模型从不同角度论证了河口收敛形态对于盐度分布影响的重要程度。Savenije(2013)通过盐水入侵解析模型与水动力解析模型的耦合处理，提高了模型的潮动力边界精度，同时潮特征参数率定过程的简化亦在一定程度上降低了模型建立对实测资料的需求。通过比较不同模型模拟效果与实测盐度分布状态的差异，发现基于地形指数收敛假设构建的盐水入侵解析模型是目前为止更为准确的一种解析预测手段。尽管稳态模型提供了一个实用且简单的解决方案来预测盐水入侵，但是这种理论方法依然需要改进和完善。首先河口并不总能达到这种平衡，一方面，从大的时间尺度看，自然界达到平衡状态需要很长一段时间；另一方面，从小的时间尺度看，潮流和径流的边界条件不断发生着变化，扩散系数在不同潮周期内也各不相同。所以，针对大时间尺度河口动力非稳态问题，Savenije(2005)提出了一个系统时间响应表达式，来估计自然河口平衡破坏后达到新平衡所需的时间。而针对小时间尺度非稳态问题，前人研究多认为非稳态模型中需要求解的方程组无法通过解析的方法求解，所以目前的研究一般采用数值方法建立非稳态模型。近十年来非稳态解析模型的研究成果依旧寥寥，较为代表性的是Song(2008)基于棱柱形水槽构建的非稳态盐水入侵模型，但该解析模型却未能将实际河口地形变化特征对盐度演变规律的重要影响考虑其中。综上可见，盐水入侵解析模型在长期的理论发展及实际应用中已积累了较多的基础成果，稳态解析研究能够围绕着盐度空间输运规律展开但无法全面描绘盐度扩散的时空变化规律，非稳态解析理论研究亟待发展、完善。

1.2.3 盐度通量输运机制

河口盐度输运扩散的动力学机制研究是深入理解河口盐水入侵过程的关键

科学问题之一。目前分析盐度输运动力机制的一种较为经典的方法便是盐度通量输运机制分解研究，其最早是通过实测盐度和流速的横向、垂向变化资料相关性经验分析应用来描述河口盐、淡水混合机制的。而后随着研究的不断深入，盐度通量输运机制的分解不断细化，逐渐地，横向、垂向切变引起的盐度输运量被单独分离出来，但是水深变化影响却一直未做考虑，直到 20 世纪 80 年代中期潮汐在浅水区随水深变化作用才成为机制分解的另一考虑因素。其中最主要的输运机制包括欧拉余流输运、重力环流输运、斯托克斯漂流输运、潮汐捕获输运、潮泵输运等。通常地，河口盐度通量会被分成好几个混合机制相关项进行组合式评估，是一种经验分析方法。然而，由于目前这种盐度通量输运机制分解法对实测资料的依赖性较高，在同一河口选用不同的组合机制经验公式分析得到的结果不尽相同，因而存在较多不稳定性及不确定性。不仅如此，由于河口是一个地形特征、动力条件极其复杂的系统，即使在同一河口内，不同河段也会出现主导机制的突变。以梅里马克河口为例，其口门束窄，潮泵作用是盐度通量输运的主要机制，而其河口内部盐度通量输运则受潮汐不对称性的影响。同理，在同一河口不同时段内的盐度通量输运机制也会发生改变。以珠江三角洲磨刀门为例，其在大潮期流速切变引发的盐度输运作用强，而在小潮期潮汐振荡输运机制则更为强势。当然，由于每个河口特征各不相同，其主导输运机制必然也存在差异。强潮型河口因受潮汐作用控制，潮汐振荡输运往往会占绝对的优势，典型的如哥伦比亚河口，其有超过一半的陆向盐度通量是由潮汐振荡输运机制引起的；而在哈德逊河口，主导盐度输运的动力机制则为垂向剪切，其对盐度通量的输运作用远超潮汐振荡。与一般河口相比，河网型河口的盐度输运过程又有其独特的动力特征，复杂地形造成的滞留、积蓄作用对于盐度通量的影响尤为显著，河网区域盐度输运的动力机制更显复杂。

1.2.4 国内盐水入侵研究

国内对河口盐水入侵的研究相对国外起步较晚，直到 20 世纪 80 年代才开始较为系统地对其展开研究，其中研究较为成熟的当属长江河口。自 80 年代起，众多学者针对上游的径流变化、各种大型枢纽工程建设对长江河口盐水入侵的影响，分自然因素和人为因素进行了分析研究，并从不同角度对长江口盐水入侵规律进行了探讨。沈焕庭(1980)最早分析了长江河口盐水入侵的时空变化规律，并且阐述了南水北调工程对长江口盐水入侵可能产生的影响。近年来，长江口的盐水入侵研究因水力学模型的开发完善、计算机计算能力的提高而得到了快速发展。依靠长江口水动力模型，众多学者围绕深水航道工程建设、海平面上升、河口环流等动力因素变化对长江口盐水入侵过程影响进行了较为全面的整体分析，阐明了盐水入侵对河口动力变化的响应关系。

珠江作为中国的第三大河，其河口区涵盖着一个巨大且独特的感潮河网区和河口湾。早期对珠江口盐度输运的研究主要聚焦于伶仃洋，侧重于河口盐、淡水混合特征分析，其主要的研究成果便是通过实测资料确定了伶仃洋洪季和枯季环流特征和运动规律的异同性。至 20 世纪 90 年代后期，受全球气候变化影响，海平面上升对珠江三角洲盐水运动的作用尤受关注，但目前众学者对海平面上升对于盐水入侵的影响仍未有较为一致的观点。周文浩(1998)由河口盐、淡水混合扩散理论推测海平面上升将有可能改善珠江口盐水入侵的严峻现况，而李素琼(2000)的解析理论计算结果显示海平面上升将进一步加剧珠江口盐水入侵。进入 21 世纪，珠江三角洲下游地区连续出现特大咸潮灾害，河网区的盐度扩散过程开始受到重视。珠江三角洲八大口门径、潮动力各不相同，地貌特征呈现显著差异性，故而不同河网区域的盐水入侵特征及其动力机制亦是各异。其中，磨刀门由于特殊的地理位置，是珠江口最主要的径流下泄通道，加之其存在小潮期盐水入侵强于大潮期的特殊现象，因而目前针对磨刀门开展的研究工作相对较多，成果亦更为丰富。通过实地水文测量发现，盐、淡水在磨刀门内多处于部分混合或高度分层的状态。正压力和垂向涡动摩擦是河口动力纵向平衡的主导作用，人类活动改变了磨刀门自然的动力、地貌状态，上游径流减少、正压力不断减小、拦门沙消失、口门潮动力增强，直接导致磨刀门盐水入侵的加剧。磨刀门水道含氯度变化周期为 15 天，主要受由大、中、小潮组成的半月周期所控制，变化周期和潮汐运动规律相似，具有日周期和半月周期的波动规律。大量实测资料表明，河口盐度输运时空演变规律与潮流振幅及径流量密切相关，而盐水入侵解析模型更直观地反映了盐度和这些动力因子间的物理关系。与常规河口盐水入侵大潮强而小潮弱不同，磨刀门盐水入侵最严重时刻一般出现在大潮过后的中潮时期。极枯季节实测资料分析表明，小潮期间磨刀门涨潮历时长(16 小时)而落潮历时较短(9 小时)，盐水快速上溯后却滞留于磨刀门水道中无法及时下泄，是造成其独特盐水运动规律的原因之一。进一步通过对盐度输运过程的数值模拟反演分析发现，大、小潮盐度通量输运机制的改变致使小潮期间盐度出现向陆的净输运是磨刀门小潮期盐度大于大潮期的根本机理所在。可以确定的是，珠江口盐水入侵理论研究已有一定的积累，其中主要工作集中在磨刀门进行，而对虎门盐水入侵问题的研究却相对较少。事实上，虎门的盐水入侵长度在八大口门中居首，影响范围亦是最广，咸灾一旦发生，沿虎门水道设置的西洲水厂、新塘水厂、中堂水厂和第二水厂均遭威胁，针对虎门盐水入侵的研究迫在眉睫。

1.3 问题的提出

通过以上综述，不难看出珠江三角洲的盐水入侵已经成为一个热点研究问题，研究工作正在逐渐展开并取得了部分成果，但研究中仍存在一些不足，研究成果亦不够完善，还有一系列科学问题需要深入研究。

(1) 现阶段珠江口的盐度扩散研究依旧较多地集中在磨刀门，作为珠江河口潮动力最强、盐水入侵最严重的虎门，其盐度扩散物理规律机制的理论研究成果却乏善可陈。且与普通河口不同，虎门区域下游潮汐作用显著，上游受流溪河、西江、北江和东江等多个径流源影响，盐水在不同河段表现出明显相异的上溯特征，盐水入侵过程表现得更为复杂，其区域动力地貌对盐度扩散的分段性影响仍待探究。

(2) 同时，目前的河口盐水入侵理论解析模型基本都是基于稳态模式建立的，稳态模式忽略时间项的存在可以简化方程，但河口盐水入侵具有典型的周期性运动规律，因此非常有必要建立一个能够较为全面反映实际河口盐水入侵时空变化特征的非稳态理论解析模型。

(3) 不仅如此，现存的盐度通量输运机制分解方法完全依赖于经验公式与实测资料分析，故而不同的机制分解经验方法得到的结果也未必与实际情况相符，盐度通量输运动力机制的分解仍然缺乏较完善的理论基础支撑。

因此，本文以珠江三角洲的虎门为研究对象，提出河口盐水入侵非稳态理论解析模型，并基于此构建理论解析式的盐水入侵动力机制分解模式，结合实测资料深入探讨典型多径源潮汐河口虎门盐水入侵时空变化规律与其内在的动力机理特性。

1.4　本文的研究内容

本文的主要研究内容将通过以下六个章节进行阐述。

第一章为绪论。此章节主要介绍本文的研究背景和研究意义，围绕河口盐水入侵的科学研究热点，全面回顾、梳理国内外相关研究的进展和现状，针对目前研究成果中尚存的一些不足和问题，确定本文的具体科学研究内容。

第二章为潮汐河口盐水入侵扩散特征。此章节选取强潮动力口门虎门及强径动力口门磨刀门为特征口门，比较分析不同解析扩散理论在珠江口表现的优劣特性，确定解析模式中纵向扩散系数形式的选择；比较潮汐河口的观测资料和数值结果，确定代表性动力条件口门的盐度扩散特征。

第三章为多源河口盐水入侵分布特征。此章节构建多径源河口盐水入侵解析模型，明确河口盐度扩散对多径流源的响应，针对珠江口虎门多径源的分段动力特征，确定虎门盐水入侵的空间变化规律，提出虎门盐水入侵解析预测模型。

第四章为潮汐河口盐水入侵时空特征。此章节建立潮汐河口非稳态盐水入侵解析模型，明确潮汐分潮作用对盐度随时间变化的影响，提出虎门盐水入侵时空分布解析预测模型，确定虎门盐水入侵大、小潮周期变化过程的异同特征。

第五章为潮汐河口盐水入侵动力机制。此章节推导盐度通量输运机制分解解析式，并在大潮期间全日潮、半日潮混合潮型作用下以及小潮期间半日潮型作用下，分析虎门盐度通量输运机制分解项的主次重要性，确定盐水入侵的主导动力机制。

第六章为本文的总结。此章节概述了本文的主要研究结论，说明了本次研究过程中存在的一些不足和缺憾，并阐述了需要进一步开展的研究工作。

第二章
潮汐河口盐水入侵扩散特征

河口作为海洋和内河的联系者，水域动态因素繁复，动力过程复杂，独特的海陆两相环境不仅为特殊生物群提供了繁衍生息的温床，也为人类生存发展提供了沃土。然而，人类活动所产生的“副作用”正严重干扰着河口的正常发展，致使河口生态系统逐步恶化。近几十年来，随着河口三角洲地区工业和农业生产力的爆炸式增长以及持续扩张的自然人口，盐水入侵正逐渐成为全球范围内的一项河口灾害问题及生态环境挑战。从海洋过量上溯涌入内河河道的咸水严重威胁着河口三角洲地区数千万人口的日常生活和工作用水安全。我国珠江三角洲是一个典型的复合型三角洲，上游西、北、东三江汇集下游八口入海，区域河网密布，汊道径流来量不同、潮汐强弱不等，各口门动力亦是各异。以代表口门为例，磨刀门径流作用占优，为弱潮河口，是珠江三角洲最大的淡水源所在；与之相反，虎门纳潮量在八口门中居首，潮流作用占优，为强潮河口，是珠江三角洲盐水入侵最为严重的区域。

本章以磨刀门和虎门两个存在明显动力差异的典型河口作为研究对象，基于大量实测水文数据，通过两个经典的解析模型分析盐度在潮汐河口的扩散特征。盐水入侵解析模型是研究河道盐度纵向扩散的一种简单而高效的分析手段。本章中所采用的两个解析模型皆由盐度对流扩散基本方程推导获得，而其中唯一且重要的区别在于模型中重要参数——扩散系数的确定。通过对珠江口虎门以及磨刀门实测数据的反演比较，探讨了解析模型中扩散系数差异造成的模拟结果的异同特性，分析了盐水入侵在珠江三角洲磨刀门和虎门之间相异的盐度扩散特征。

2.1　河口地貌与动力特征

2.1.1　冲积型河口

河口是大自然对人类生存的馈赠，她将河流与海洋相连，创造了一片微咸水域，承载了典型内河特征以及海洋特征的双重特性交汇：径流下泄携带着泥沙塑造河岸河道，潮汐动力牵引着外海的咸水周期往复运动。正是在两种特性的相互影响之下，河口育成了独一无二的水动力、地貌、生物群特征，也因此在整个生物圈循环中处于一个无可取代的地位。因此，河口环境的重要性毋庸置疑。

冲积型河口的水动力特征直接决定着河口的形状，水流携泥沙沉积、冲刷，或深或浅，或宽或窄，塑造着河口的形态，直至到达某种动态平衡。河口形状决定了纳潮量，控制着潮汐上溯能量。自然界的冲积型河口基本保持着一致的河口形态，一般来说，河口横断面从口门处向内收敛过程可用指数函数描述。理想河口一般指定常水深搭配指数收敛河宽的组合假设条件，用以反演平原三角洲河口形态。当然，这种假设并不适用针对河口地貌的研究。

冲积型河口存在一些常见的动力地貌共性特征，极有利于河口动力过程函数化的简化假设。河口潮程指的是水质点随潮从落憩时刻到涨憩时刻间运动的水平距离。平原河口水深变化近似理想河口状态，即可忽略水深受地貌形态引起的收敛放大或者摩阻衰减效应。河口盐水入侵成灾现象基本出现在河口盐、淡水完全混合状态或者部分混合状态。当河口盐、淡水出现高度分层情况时，即下游出现盐水楔，盐水入侵一般不被视作河口灾害问题，因为此状况一般是由于上游大流量下泄直接造成的。平原河口盐、淡水复杂的混合机制可以用一个简单解析函数描述，进而冲积河口盐水入侵可采用一维盐度对流扩散函数建模研究盐水入侵长度以及对径流、地貌变化的响应特征。

2.1.2　河口的分类

河口可以依据河口地貌、潮动力、径流动力、河口形状、河口盐度等不同的特征分类。上文所讲的冲积河口是根据河口地貌特征来分类的，与之相对应的是类似峡湾的固定河床河口。峡湾从地质学上讲是始于冰河时代的古老河口，它的水沙动力对河口固有的形态变化不具影响能力。早期研究以潮动力为标准，根据潮差变化将河口分为四种：小潮河口（潮差小于 2 m），中潮河口（潮差 2～4 m），大潮河口（潮差 4～6 m），超级潮河口（潮差大于 6 m）。从定义上看，小潮河口常处于高度分层状态，然而实际河口在小于 2 m 潮差的情况下多会出现部分混合及完全混合的状态，故而这种分类方法在实际应用中并不严谨。以径流动力为标准，可分为强径河口和弱径河口两类。顾名思义，强径河口河流动力占优，河口表现较为明显的河流固有特征，河道一般较为顺直；弱径河口则潮流动力占优，河口下游基本为咸水控制，河口常呈现河湾形态。以河口形状分类，较为有代表性的形状有棱柱形和漏斗喇叭状两种。棱柱形河口一般为人造水渠，其主要特征是断面沿程保持一致；漏斗喇叭状河口是冲积河口的自然形态，河岸沿程衰减。河口盐、淡水分层标准是研究河口动力最常见的分类方法，河口大体上可分为三种：高度分层、部分混合及完全混合。图 2.1(a)表现河口高度分层状态，出现在径流大而潮汐作用弱的情况之下，下游盐、淡水分为两层，上层淡水底层为盐水楔。然而，在这种情况下，盐水上溯的距离一般不会很远以至于形成咸潮危害。图 2.1(b)表现河口部分混合状态，常出现在枯季径流较大的情况。

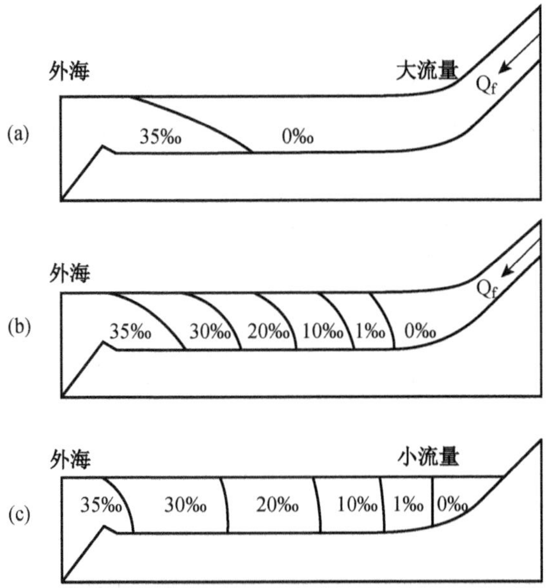

图 2.1　盐、淡水混合类型

图 2.1(c)表现河口完全混合状态，出现在上游流量较小潮流作用强的情况之下，故枯季河口出现盐水入侵灾害时多处于完全混合状态。

河口的盐、淡水混合状态由径流与潮流的相对关系直接决定。所以，时间上，任意河口的混合状态在枯季多呈完全混合或部分混合之态；在空间上，河口混合状态甚至随盐水上溯过程会出现变化的分段特征。为量化表征河口盐、淡水的混合情况，研究中常用河口系数 N 或者河口理查德数 N_R 表示混合程度。

河口系数是径流量和纳潮量的比值，可以表示为

$$N = \frac{Q_f T}{P_t} \tag{2.1}$$

式中，Q_f为径流量；T 为潮周期；P_t为纳潮量。理查德数是河口数的一种改进，考虑了更多动力因素，表示径流能量和潮流能量间的比值：

$$N_R = \frac{\Delta\rho}{\rho}\frac{gh}{\upsilon^2}\frac{Q_f T}{P_t} = \frac{\Delta\rho}{\rho}\frac{gh}{\upsilon^2}\frac{Q_f T}{EA} = \frac{N}{\pi F_D} \tag{2.2}$$

式中，$\Delta\rho$ 为纵向密度差；ρ 为口门密度；h 为河口水深；υ 为潮流流速振幅；佛罗德数 $F_r = \upsilon/\sqrt{gh}$，表征潮流振幅及波速比值；$E = \upsilon T/\pi$，式中引入了密度佛罗德数 $F_D = \upsilon^2 / \frac{\Delta\rho}{\rho}gh$。盐、淡水混合状态的分类判断数值标准可参照表 2.1。

表 2.1 盐、淡水混合分类判断

河口类型	N	N_R
高度分层型	大于 1.0	大于 0.8
部分混合型	0.1～1.0	0.08～0.8
完全混合型	小于 0.1	小于 0.08

理查德数值大表示径流能量足够多，足以使河口盐、淡水保持两层状态，即出现盐水楔；而理查德数较小时，则表示潮流动能足够大，足以使盐、淡水混合充分，是冲积河口枯季常现状态。

2.1.3 盐水入侵的过程特征

河口盐、淡水呈完全混合或者部分混合状态时，通过走航测量确定，河口盐水入侵过程曲线基本可呈现四种变化特征，如图 2.2 所示。图中，横坐标表征沿程距离，纵坐标表征盐度较口门沿程变化值。

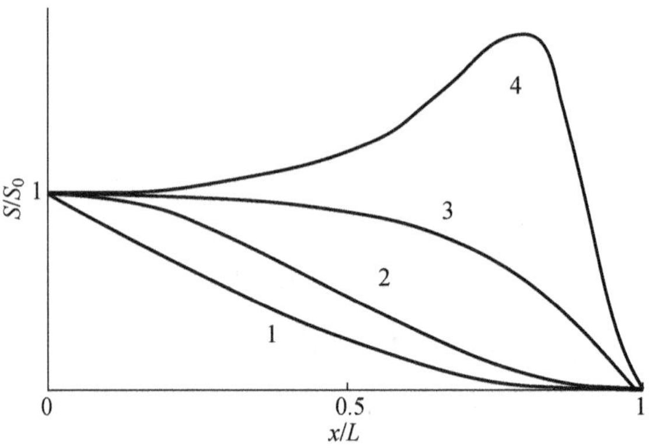

图 2.2 盐水入侵过程曲线的特征分类(Savenije, 2005)

第一种类型是内凹衰减型，盐度梯度在口门处大，一般在水道顺直地貌以及大径流量动力情况下出现，常见于三角洲强径河口。

第二种类型是钟形过渡型，常出现在喇叭形河口。此种河口口门处收敛长度较短，上游收敛长度较长。

第三种类型是圆顶外凸型，常出现在强漏斗形河口。其收敛长度极短，口门盐度梯度很小。

第四种类型是类驼背演变型，常出现在高盐度河口。与前三种不同，高盐度河口由于上游降雨量不足或增发量过大等原因，会出现盐度上游增大的异象。

前三种盐水入侵情况，其曲线形状是由河口地貌决定的，河口动力变化会影响盐水入侵距离但并不会改变其变化过程(曲线形状)。而第四种情况则跟河口所处区域的气候相关，常出现在干旱或半干旱地区。一般来说，常见冲积河口盐水入侵是一个沿程衰减过程。在本文研究中会涉及其中两种较为常见的类型，强径河口磨刀门及喇叭形河口虎门。

2.2　河口盐水入侵与盐度扩散系数

2.2.1　河口盐水入侵预测模式

盐水入侵预测模型的发展从 20 世纪 70 年代开始兴起，前期基于水槽实验针对棱柱形河口，以动力因子为主要考虑分析对象。较为有代表性的是 1973 年由 Rigter 提出的落憩时刻盐水入侵长度预测经验模式：

$$L^{\mathrm{LWS}} = 1.5\pi \frac{h_0}{f}(F_{\mathrm{D}}^{-1} N^{-1} - 1.7) \tag{2.3}$$

式中，h_0 为口门水深；f 为达西威士巴赫摩阻系数；$f = 8g/C^2$，C 为谢才系数。冲积河口密度佛罗德数 F_{D}和河口系数 N 的值都远小于 1，故盐水入侵长度可视作与 F_{D}和 N 成反比。隔年 Fischer 用相同的水槽数据重新讨论归整出新的经验预测模式：

$$L^{\mathrm{LWS}} = 17.7 \frac{h_0}{f^{0.625}} F_{\mathrm{D}}^{-0.75} N^{-0.25} \tag{2.4}$$

潮周期平均状态下，通过四个河口实地观测结合对流扩散方程，半经验半理论的盐水入侵模式可表示为：

$$L^{\mathrm{TA}} = 26\pi \frac{h_0}{K} F^{-1} N^{-0.5} \approx 26\pi \frac{h_0}{K} F_{\mathrm{D}}^{-0.5} N^{-0.5} \tag{2.5}$$

式中，K 为范登伯格系数。比较以上三种模式，半经验半理论模式和经验模式的表达形式一致，且均与口门水深呈线性关系。1990 年 Van Os 提出了跟 Riger 相似的预测模式：

$$L^{\mathrm{LWS}} = 4.4 \frac{h_0}{f} F_{\mathrm{D}}^{-1} N^{-1} \tag{2.6}$$

通过经验预测模式和半经验半理论经验模式分析，可以确定盐水入侵长度跟河口水动力因子的基本关系，因与 F_{D}和 N 皆成反比，所以当径流减小或潮流速增大时，盐水入侵增强。

2.2.2　河口盐度扩散的解析理论

经验预测模式是建立于棱柱形实验水槽数据，可助于定性认识河口盐水入侵对动力因子的敏感性，但其适用性和预测精度都存在局限性。冲积河口自然状态下呈现指数收敛变化形态，如图 2.3 所示，而河口形态对盐度扩散分布起到了十分重要的影响作用。

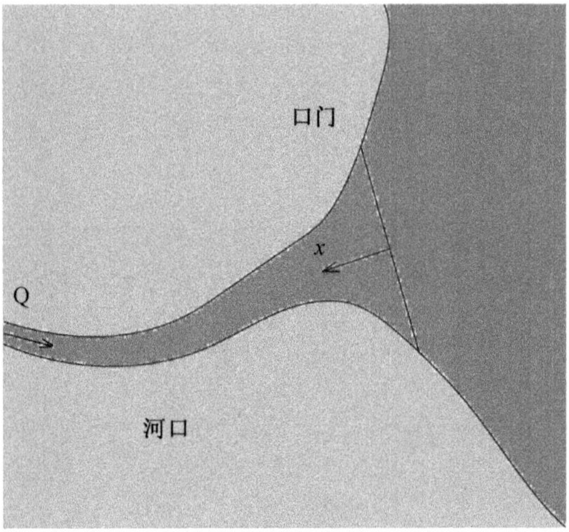

图 2.3　冲积河口形态示意图

盐度对流扩散方程是研究盐水入侵解析模式的基本方程，该方程通过一个纵向扩散系数含括盐水入侵复杂的扩散机理，是模型中最重要的参数。不考虑时间效应的稳态模型是研究盐水入侵空间分布特征、预测盐水入侵长度的常用工具。忽略时间项，稳态一维盐度对流扩散方程可以表示为

$$\frac{\mathrm{d}Aus}{\mathrm{d}x}=\frac{d}{\mathrm{d}x}\left(AD_x\frac{\mathrm{d}s}{\mathrm{d}x}\right)\tag{2.7}$$

式中，A 为河口断面面积；s 为断面平均盐度；x 为纵向坐标轴，原点在口门处，向海方向为负值，故而计算中径流值为负值，潮流值为正值；D_x 为纵向对流扩散系数；u 为断面平均流速。对式(2.7)进行积分计算，则可获得

$$\frac{\mathrm{d}s}{s}=\frac{u}{D_x}\mathrm{d}x\tag{2.8}$$

其中，流速 u 可分解为潮流速 u_t 和径流流速 u_f 两部分。然而在稳态状况下，比如涨憩或者落憩时刻，潮流流速 u_t 为 0，所以式(2.8)中流速 u 就可简化为径流流速 u_f，也可看作是径流量与河口横断面面积之比值。式(2.8)因而可以改写为

$$\frac{\mathrm{d}s}{s}=\frac{Q_f}{AD_x}\mathrm{d}x \tag{2.9}$$

该稳态模型常用于三种状态的研究，涨憩(High Water Slack / HWS)、落憩(Low Water Slack / LWS)和潮平均状态(Tide Average / TA)。

大量实测研究证实冲积河口断面面积可用指数函数表示

$$A=A_0\exp(-x/a) \tag{2.10}$$

式中，A_0 为口门处($x=0$)断面面积；a 为断面面积收敛长度系数。类似的，河口断面宽度 B 和河口水深 h 也可以用指数收敛表示

$$B=B_0\exp(-x/b) \tag{2.11}$$

$$h=h_0\exp(-x/d) \tag{2.12}$$

式中，B_0 为口门断面宽度；b 为河口断面宽度的收敛长度系数；d 为河口水深的收敛长度系数。

纵向对流扩散系数 D_x 有两种常用假设方法，一是将其视作一个沿程不变的参数，本文称作定常扩散系数，二是假设扩散系数从口门处沿程不断衰减，本文称作变常扩散系数。本章将采用定常盐度扩散解析模式和变常盐度扩散解析模式分析盐水入侵扩散特征，探讨扩散系数特性给盐度分布模拟结果带来的差异影响。

在定常盐度扩散解析模式中，盐度扩散系数取为常数，即式(2.9)中的纵向扩散系数 D_x 沿程不变，所以 $D_x=D_0$，即可以口门纵向扩散系数代替河口扩散系数。将式(2.10)代入式(2.9)，等式两边积分后可得河口盐度纵向分布函数变化关系为

$$\ln\frac{s}{s_0}=\frac{a}{\alpha_0A_0}\left[\exp\left(\frac{x}{a}\right)-1\right] \tag{2.13}$$

式中，s_0 为口门盐度，$\ln(s/s_0)$ 为盐度的自然对数；α_0 为纵向混合系数，可表示为

口门扩散系数与径流量的比值

$$\alpha_0 = -D_0/Q_f \tag{2.14}$$

研究表明，盐度函数 $\ln(s/s_0)$ 和距离函数 $\exp(x/a)$ 之间存在一个绝对的线性关系，其斜率表达式为 $-aQ_f/(D_0A_0)$，含口门扩散系数。因而河口盐水入侵纵向扩散系数 D_0 和混合系数 α_0 可以通过回归分析的方法确定。将式(2.14)代入式(2.13)中，调整函数表达式，则河口盐度扩散分布可表示为

$$s(x) = s_0\exp\left\{-\frac{aQ_f}{D_0A_0}\left[\exp\left(\frac{x}{a}\right)-1\right]\right\} \tag{2.15}$$

在我国，主要根据《地表水环境质量标准》(GHZB 1—1999)和《生活饮用水水源水质标准》(CJ 3020—1993)判断氯化物水质标准。因此，此处采用氯化物(含氯度)≤250 mg/L 的标准，含氯度超过此标准为超标，低于此标准为达标。"海洋用表与标准联合专家小组(JPOTS)"经过长期研究讨论及多方面考虑，为保证资料统一性，提出了含氯度和盐度存在一个转化标准：s ‰ = 1.806 55 Cl ‰，本文采用 0.5‰作为盐水入侵极限点的盐度值。将 $s(x)=0.5$ 代入式(2.15)，可获得河口盐水入侵长度预测模式的表达形式

$$x_L = a\ln\left[1-\frac{A_0D_0}{aQ_f}\ln(0.5/s_0)\right] \tag{2.16}$$

此处，x_L 表示通过定常模式计算得河口盐水入侵长度。

在变常盐度扩散解析模式中，假设盐度的扩散系数与径流相关，且沿水道向陆方向随程变化，函数表达定义为

$$\frac{dD_x}{dx} = K\frac{Q_f}{A} \tag{2.17}$$

式中，K 为范登伯格系数，数值在 0 到 1 之间变化。考虑断面面积随程变化，将式(2.10)代入式(2.17)，方程两边积分可以得到沿程扩散系数与口门扩散系数的相对关系表达式

$$\frac{D_x}{D_0} = 1-\frac{Ka}{\alpha_0A_0}[\exp(x/a)-1] \tag{2.18}$$

其中，引入纵向混合系数 α_0，表达为

$$\alpha_0 = -D_0/Q_f$$

式(2.18)中的重要系数口门扩散系数以及范登伯格系数都可用经验分析的方法确定。通过大量实地测量数据分析后，范登伯格系数经验表示式为

$$K = 0.2 \times 10^{-3} \left(\frac{E}{H}\right)^{0.65} \left(\frac{E}{C^2}\right)^{0.39} (1-\delta b)^{-2.0} \left(\frac{b}{a}\right)^{0.58} \left(\frac{Ea}{A_0}\right)^{0.14} \tag{2.19}$$

式中，E 为河口潮程；H 为河口潮差；C 为谢才系数；δ 为潮差的沿程衰减率。而涨憩时刻，河口口门处的扩散系数 D_0 可用经验表达式表示为

$$D_0^{\mathrm{HWS}} = 1\,400(E_0 \upsilon_0 h_0/a) N_{\mathrm{R}}^{0.5} \tag{2.20}$$

式中，E_0 为口门处的潮程值；υ_0 为口门处的潮流流速振幅；h_0 为口门潮周期平均水深；N_{R} 为河口理查德系数。在河口处，理查德系数 N_{R} 可以通过口门相关参数确定

$$N_{\mathrm{R}} = \frac{\Delta \rho}{\rho} \frac{g\bar{h}}{{\upsilon_0}^2} \frac{Q_f T}{E_0 A_0} \tag{2.21}$$

式中，$\bar{h}$ 为河口潮周期平均水深。尽管经验函数式(2.19)、式(2.20)、式(2.21)可以为式(2.18)沿程扩散系数 D_x 的确定提供参考，但实际应用结果证明，经验公式的计算精度较差，会导致盐水预测结果出现较大的偏差。因而，在实际应用解析模型预测盐水入侵过程中，会通过率定涨憩时刻实测盐度数据的方法，确定式(2.18)中的范登伯格系数 K 以及混合系数 α_0。

将式(2.17)代入式(2.9)中，可以得到盐度和扩散系数相关的微分表达式

$$\frac{\mathrm{d}s}{s - s_f} = \frac{1}{K} \frac{\mathrm{d}D_x}{D_x} \tag{2.22}$$

等式两边积分，则

$$\frac{s - s_f}{s_0 - s_f} = \left(\frac{D_x}{D_0}\right)^{\frac{1}{K}} \tag{2.23}$$

式中，s_f 为上游盐度的边界值。因此，在变常盐度扩散模式中，纵向盐度分布可以通过将式(2.18)代入式(2.23)确定表达为

$$s = s_{\mathrm{f}} + (s_0 - s_{\mathrm{f}})\left\{1 - \frac{Ka}{\alpha_0 A_0}[\exp(x/a) - 1]\right\}^{\frac{1}{K}} \tag{2.24}$$

令 $s(x)=0.5$，代入式(2.24)，则河口盐水入侵长度预测模式可以写作为

$$x_{\mathrm{L}} = a\ln\left\{\left[1-\left(\frac{0.5 - s_{\mathrm{f}}}{s_0 - s_{\mathrm{f}}}\right)^K\right]\frac{\alpha_0 A_0}{Ka}+1\right\} \tag{2.25}$$

式中，x_{L} 是变常解析模式下涨憩时刻河口盐水入侵长度。

2.3 珠江三角洲潮汐口门概况

2.3.1 地理概况与水文条件

珠江三角洲是中国第三大河口三角洲，河口地区土地资源丰富，港口航道十分发达，它的开发和治理牵涉到水利和交通的各个方面。图 2.4 为珠江三角洲区域的示意图，作为一个典型的复合型三角洲，珠江三角洲由西北江三角洲和东江三角洲以及潭江等小河组合而成，面积约 26 800 km^2。西北江三角洲是以思贤滘、崖门、虎门三地为顶点的三角形区域，东江三角洲是以石龙、黄埔、虎门三地为顶点的三角形区域。河网发达是珠江三角洲最显著的特点，在长期的径流和潮流的作用之下，珠江三角洲河汊密如蛛网，东江三角洲河网密度为每平方千米 0.88 km，而西北江三角洲则为 0.81 km，河网密度变化总体趋势为由上而下逐步增大。

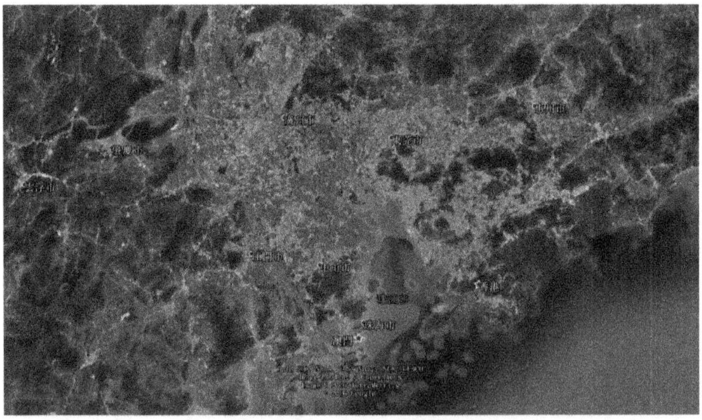

图 2.4 珠江三角洲区域示意图

珠江地处我国亚热带地区，雨量充沛，上游来沙量较小，属于多水少沙河流。据统计，多年平均径流总量为 3 260 亿 m^3，其中汛期占总量的 79%，多年平均径流量为 10 337 m^3/s；多年平均悬移质输沙总量为 7 098 万 t，其中汛期占总量的 95%。珠江流域的来水量主要来自西江，占全流域 78.2%，北江次之，占 12.8%，东江占 8.5%，而流溪河及潭江则影响甚小。珠江由八大口门出海，但各口门的水沙分配并不均匀。东四口门注入伶仃洋，从东到西，虎门、蕉门、洪奇门和横门；西四口门磨刀门、鸡啼门单独入海，而虎跳门和崖门则注入黄茅海。其中，磨刀门入海流量最大，占八口门总量的 28.3%，虎门次之，占 18.5%，崖门最小，仅占总量的 6.0%。区域受潮汐影响，西江的潮区界可上溯到德庆—梧州，北江的潮区界可上溯到马房—芦苞，东江的潮区界至博罗铁岗。珠江口潮汐属于不规则半日潮，潮流在口门区呈南北向或东北一西南向做往复流运动。平均涨潮、落潮流速为 0.4～0.7m/s，最大流速 1.5 m/s 左右，年均潮差 0.86～1.70 m。其中，八口门磨刀门潮差最小，最大潮差为 2.04 m，平均潮差 0.86 m；虎门潮差最大，最大潮差为 3.66 m，平均潮差 1.70 m，且涨落潮量在八口门中居首。

2.3.2　水文测量与实测数据

本文研究中所采用的实测数据来自“2005 年西、北江三角洲网河区枯水期同步水文测验”。这是近年来珠江三角洲网河区较为完整、系统的枯水期同步水文测验资料和咸潮资料，测验项目包括水位、流速、大断面、流量、含氯度、水质等。水文测验经水利部珠江水利委员会和广东省水利厅批准，由珠江委水文局和广东省水文局共同承担。本次同步水文测验及调水压咸水文监测断面布设，以 1999 年洪水期西、北江三角洲网河区同步水文测验的断面为基础，按任务要求进行适当调整，拟定断面共 56 处，见表 2.2 以及图 2.5。

表 2.2　同步水文测验及调水压咸水文监测断面

断面编号	断面名称	河名	测验项目
1	高要	西江	水位、流量
2	马口	西江干流水道	水位、流量、水质
3	三水(二)	北江干流水道	水位、流量、水质

续表

断面编号	断面名称	河名	测验项目
4	岗根	思贤滘	水位、流量、水质
5	老鸦岗(二)	流溪河	水位、流量、含氯度、水质
6	石咀	潭江	水位、流量、含氯度、水质
7	官冲	崖门水道	水位、流量、含氯度、水质
8	西炮台	虎跳门水道	水位、流量、含氯度、水质
9	黄金	鸡啼门水道	水位、流量、含氯度、水质
10	挂定角	磨刀门水道	水位、流量、含氯度、水质
11	横门	横门水道	水位、流量、含氯度、水质
12	冯马庙(二)	洪奇沥水道	水位、流量、含氯度、水质
13	南沙	蕉门水道	水位、流量、含氯度、水质
14	大虎	虎门水道	水位、流量、含氯度、水质
15	紫洞	潭洲水道	水位、流量、水质
16	石仔沙	顺德水道	水位、流量、水质
17	蚬沙(南华)	东海水道	水位、流量、水质
18	天河(二)	西江干流水道	水位、流量、水质
19	海尾	桂洲水道	水位、流量、含氯度、水质
20	南头	鸡鸦水道	水位、流量、含氯度、水质
21	小榄	小榄水道	水位、流量、含氯度、水质
22	北街水闸	江门河	水位、流量、含氯度、水质
23	百顷	荷麻溪	水位、流量、含氯度、水质
24	大敖	磨刀门水道	水位、流量、含氯度、水质
25	睦洲口	荷麻溪	水位、流量、含氯度、水质
26	虎坑	虎坑水道	水位、流量、含氯度、水质
27	竹洲	螺洲溪	水位、流量、含氯度、水质
28	竹银	磨刀门水道	水位、流量、含氯度、水质
29	澜石(新市)	潭洲水道	水位、流量、水质
30	沙洛围	平洲水道	水位、流量、含氯度、水质
31	大石	大石涌	水位、流量、含氯度、水质

续表

断面编号	断面名称	河名	测验项目
32	霞石	顺德水道	水位、流量、水质
33	三善左	紫坭河	水位、流量、含氯度、水质
34	三善滘	顺德水道	水位、流量、含氯度、水质
35	三围	李家沙水道	水位、流量、含氯度、水质
36	三沙口	沙湾水道	水位、流量、含氯度、水质
37	亭角	蕉门水道	水位、流量、含氯度、水质
38	飞鹅	顺德支流	水位、流量、水质
39	容奇	容桂水道	水位、流量、含氯度、水质
40	大陇滘	洪奇沥水道	水位、流量、含氯度、水质
41	上横	上横沥	水位、流量、含氯度、水质
42	下横	下横沥	水位、流量、含氯度、水质
43	乌珠	黄圃沥	水位、流量、含氯度、水质
44	黄沙沥	黄沙沥	水位、流量、含氯度、水质
45	浮标厂(二)	后航线	水位、流量、含氯度、水质
46	黄埔(三)	前航线	水位、流量、含氯度、水质
47	黄埔右	后航线	水位、流量、含氯度、水质
48	大盛	东江北干流	水位、流量、含氯度、水质
49	麻涌	麻涌水道	水位、流量、含氯度、水质
50	漳澎	倒运海水道	水位、流量、含氯度、水质
51	泗盛涠	东莞水道	水位、流量、含氯度、水质
52	沙湾水厂	沙湾水道	水位、流速、含氯度
53	竹排沙	磨刀门水道	水位、流速、含氯度
54	西河口	磨刀门水道	水位、流速、含氯度
55	十三顷	磨刀门水道	水位、流速、含氯度
56	双水	崖门水道	水位、流速、含氯度

水文测验从 2005 年 1 月 18 日(农历十二月初九)开始，至 2 月 5 日共进行了 32 个完整周潮同步水文测验和咸潮监测。监测过程中，红水河天生桥等水库调水压咸的来水于 2005 年 1 月 29 日到达三水、马口，所以 1 月 29 日以后，各测

验河道的日均流量都有增加，主要河道增幅明显，马口站水流量增幅 70%，三水站水流量增幅 161%。水文测验断面均位于感潮河段和河口区，受径流与潮流的共同影响，测验方法按潮水河水文测验规定进行。水文测验统一使用珠江基面高程系统。水位采用潮水河的观测方法，潮流量采用代表线法进行流量测验；含氯度测验垂线及测点位置与流速代表线一致。测验断面已有水文站的，直接采用水文站的水位观测资料。测验断面无水位站，设立简易岛式自记水位台观测水位，同时设立直立式水尺，每天 8:00 和 18:00 人工校测自记水位 2 次。实

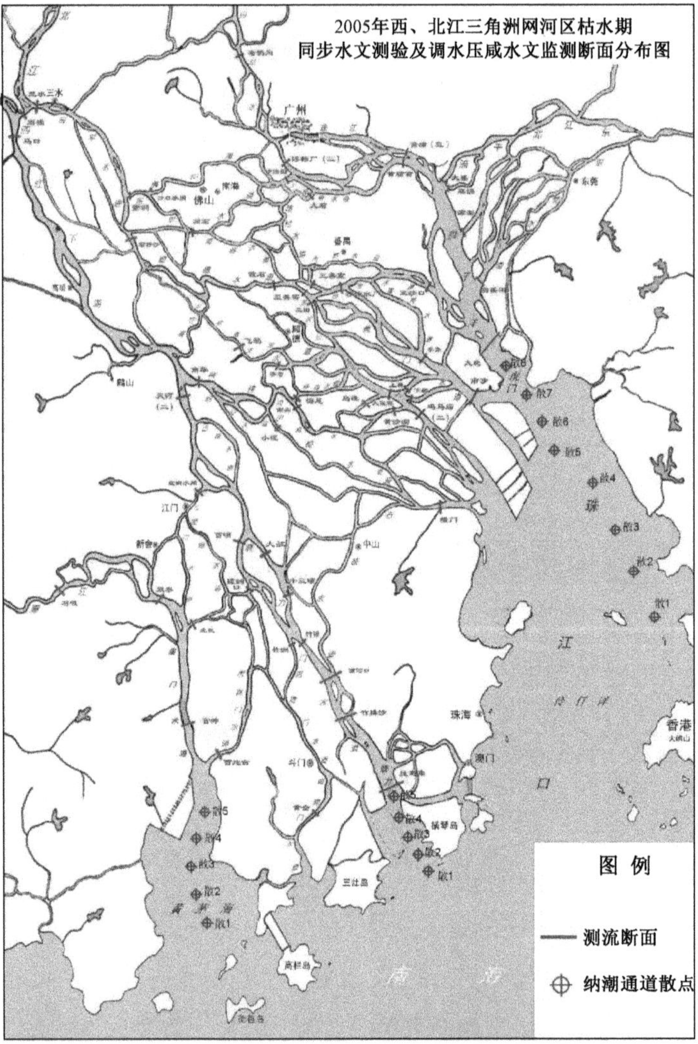

图 2.5　网河区同步水文测验的断面设置分布示意图

验用旋桨式流速仪或多普勒流速仪按北京时间每小时正点进行流速、流向测验。而各断面垂线含氯度则按北京时间每小时正点用两点法(0.8、0.2)进行测取，可采用硝酸银滴定法或自动盐度计法测定含氯度。

本次测验从布设断面(水位站)、水准引测、代表线验证和同步水文监测等各个阶段工作都严格按照技术规范实施，测验方法正确，资料整理及审查工序完备，特别对流量变化、含氯度变化进行了单站及多站综合合理性检查，因此各测验项目的原始资料质量较好，满足科学研究所要求的测量精度。

2.4　磨刀门盐度扩散特征

2.4.1　磨刀门的形态特征

磨刀门水道北起广东省江门市百顷头，流经中山市，南接珠海市交杯沙水道入海。磨刀门水道属西江下游干流，长 54 km。地处亚热带季风气候区域，夏季多暴雨和台风暴潮，较易造成洪涝灾害，汛期径流量占全年总量的 70%以上。磨刀门径流作用最强，将近 1/3 径流经由磨刀门入海，为典型的强径弱潮河口，山潮比为 5.77。枯季潮汐动力明显加强，为径、潮共同控制的水道。磨刀门水道的潮汐属不规则半日混合潮，一个日周期内发生 2 次高潮、2 次低潮，历时约 24 小时 50 分钟。

本章节选用了磨刀门沿程分布的六个站点的实测资料作为研究的基本数据。站点布置图如图 2.6 所示，口门站点为挂定角，往上游依次为竹排沙、西河口、竹银、十三顷以及大敖。选用的实测组次为 2005 年 1 月 24 日至 2 月 1 日的测量数据，包括盐度、水位和流量。为了分析磨刀门水道在盐水入侵最严重状态下盐度的分布特征，本章的研究聚焦于河口涨憩时刻盐度的扩散过程分析。

如前文所讲，冲积河口的形态满足指数收敛特征。应用式(2.10)、式(2.11)、式(2.12)验证磨刀门形态变化规律，结果如图 2.7 所示，断面面积、宽度及水深三参数沿程皆呈现指数变化特征，矩形代表断面面积，三角形代表宽度，叉形代表水深。在指数坐标系中，直线和散点的相关性证明了指数收敛函数可以较好地模拟反映磨刀门的形态变化特征。通过回归拟合确定了磨刀门的断面面积收敛长度系数 a 的值为 67 km，此处磨刀门口门的断面面积 A_0 取为 10 000 m^2。

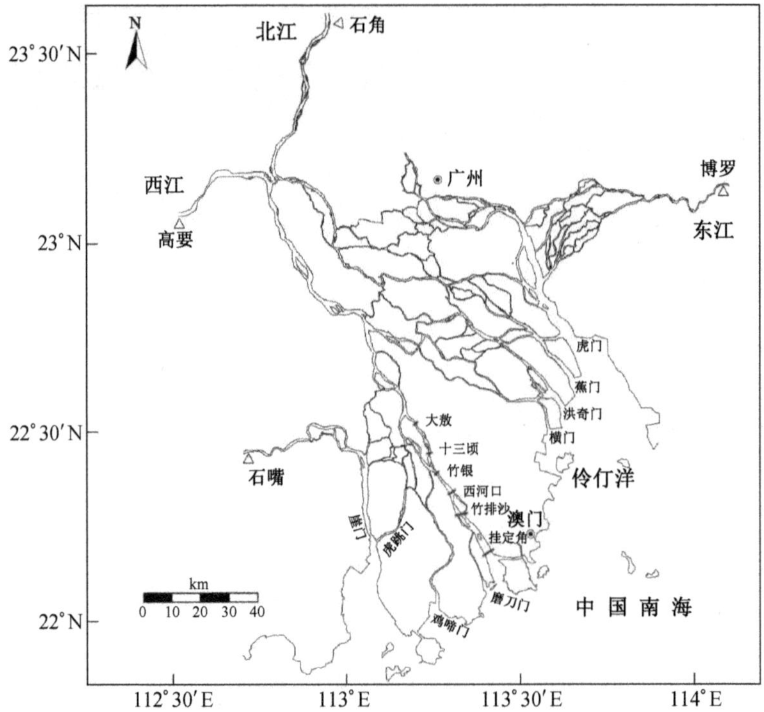

图 2.6　磨刀门沿程测站设置的示意图

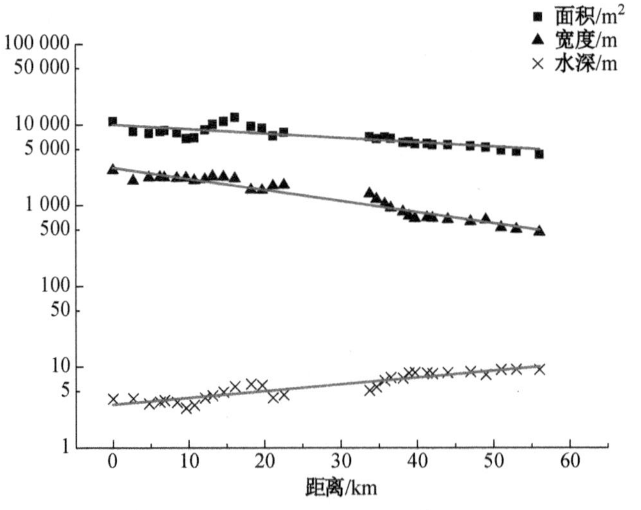

图 2.7　磨刀门河道断面、河宽、水深沿程的变化规律

2.4.2　磨刀门定常扩散系数解析模型

建立定常盐度扩散解析模型分析磨刀门盐度扩散特征，关键确定扩散系数。该模型中盐度纵向扩散系数沿程保持不变，可以用口门扩散系数 D_0 表示。正如前文所述，函数 $\ln(s/s_0)$ 与 $\exp(x/a)$ 存在绝对的线性相关性，所以，基于式(2.13)，口门扩散系数 D_0 可以通过实测数据回归分析的方法确定。此处选用了大潮期间(1 月 24 日—26 日)和小潮期间(1 月 30 日—2 月 1 日)各三组实测盐度数据用于确定口门的扩散系数值。图 2.8 展示了线性拟合的结果，图中散点分别代表磨刀门大潮期间 1 月 24 日、25 日、26 日以及小潮期间 1 月 30 日、31 日和 2 月 1 日的实测盐度值，相对应的直线是对散点线性回归分析后的拟合表达式，通过其斜率可确定盐水入侵的扩散系数。

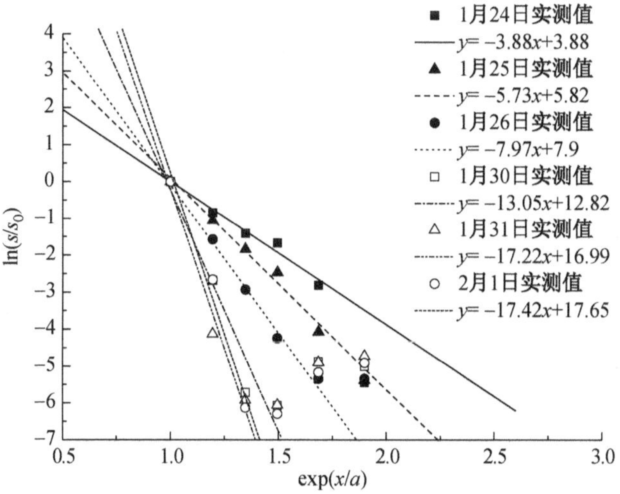

图 2.8　磨刀门盐度函数与距离函数线性关系示意

良好的拟合结果表明，通过 $\ln(s/s_0)$ 与 $\exp(x/a)$ 的函数关系回归分析，结合磨刀门 2005 年枯季的实测盐度值，可以获取较为准确的磨刀门口门扩散系数。图 2.8 中的直线斜率代表的是函数 $-aQ_f/(D_0A_0)$ 的值，在已知口门断面面积 A_0 和断面面积收敛长度系数 a 的情况下，可以确定混合系数 $\alpha_0=-D_0/Q_f$ 的值。大小潮期间共 6 组实测水文数据以及对应定常扩散系数的拟合参数具体如表 2.3 所示。

表 2.3　定常扩散系数模型的相关系数

日期	k	$\alpha_0 = D_0/Q_f/\mathrm{m}^{-1}$	R^2
2005-01-24	−3.9	1.71	0.98
2005-01-25	−5.7	1.18	0.98
2005-01-26	−8.0	0.84	0.99
2005-01-30	−13.1	0.51	0.95
2005-01-31	−17.2	0.39	0.98
2005-02-01	−17.4	0.39	0.98
平均值	—	0.84	0.97

表 2.3 第二列为 6 组数据拟合直线的斜率，可以发现由大潮期间数据拟合的斜率的绝对值较小，而小潮期间拟合的斜率绝对值较大。与之相应，第三列的混合系数在大潮期间较大，而在小潮期间则显著变小，这一变化主要受到潮动力作用半月周期演变的影响。第四列为线性拟合优度 R^2，其中最小值为 0.95，最大值为 0.99，平均值为 0.97，表明回归直线对观测值的拟合程度非常好。此外，如图 2.8 所示，拟合直线的截断值与斜率相差不大，与式(2.13)表达形式正相契合，进一步说明通过线性拟合回归方式确定盐度扩散系数或者盐度混合系数的结果是可信的。

大小潮 6 组盐度混合系数分别采用表 2.3 中对应的拟合结果，磨刀门盐度纵向分布可以通过式(2.15)计算确定，模拟结果如图 2.9 所示。横坐标代表距口门的长度，纵坐标代表盐度值。图 2.9(a)是大潮期间 1 月 24 日、25 日和 26 日三天磨刀门沿程盐度分布情况，图 2.9(b)是小潮期间 1 月 30 日、31 日和 2 月 1 日三天盐度的变化。从图中可见，大潮期磨刀门盐水入侵距离大于 20 km，而小潮盐水入侵基本被控制在距离口门 12 km 处。值得注意的是，前人研究发现磨刀门存在小潮盐水入侵较大潮更严重的独特现象，在此研究中并未出现。但这个结果并不具普遍性，因为本研究选定的大小潮期间河口的水动力出现了人为的调控变化。西江上游从 1 月 28 日起调水压咸，马口站的实测径流量较大潮期间增加了约 70%，直接影响了下游盐水的扩散作用。当然，除了大小潮之间比较结论的特殊性之外，磨刀门定常盐度扩散模型还是出色地完成了在大潮期以及小潮期盐度扩散过程的模拟。

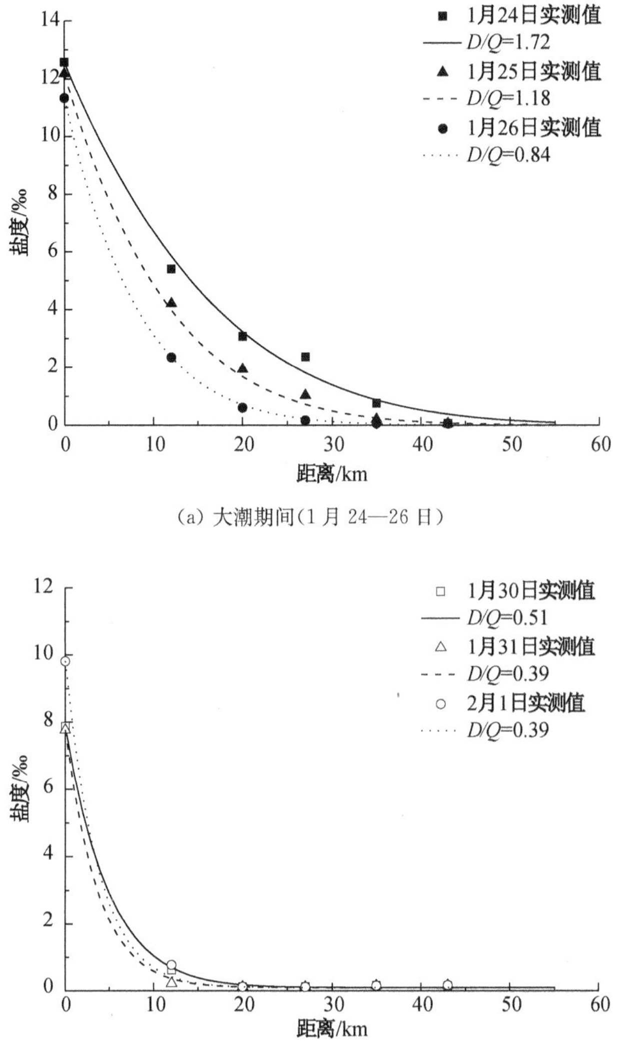

(a) 大潮期间(1 月 24—26 日)

(b) 小潮期间(1 月 30 日—2 月 1 日)

图 2.9　定常扩散系数模型在磨刀门大潮以及小潮期间的模拟效果

2.4.3　磨刀门变常扩散系数解析模型

变常盐度扩散解析模型中盐度扩散系数 D_x 假设沿程变化，而模型计算结果的准确性则由两个重要参数控制，范登伯格系数 K 和口门盐度混合参数 α_0（见表 2.4）。两个参数在盐水变常扩散系数模型中“分工明确”，范登伯格系数是一个可以表征河口形状的参数，决定了盐水入侵过程曲线的形状，而盐度混合系数与盐水入侵曲线形状无关，直接影响盐水入侵的长度。

表 2.4　变常扩散系数模型的相关系数

日期	K	α_0/m^{-1}
2005-01-24	0.4	2.30
2005-01-25	0.4	1.90
2005-01-26	0.4	1.30
2005-01-30	0.4	0.80
2005-01-31	0.4	0.70
2005-02-01	0.4	0.80
平均值	—	1.30

范登伯格系数 K 和口门盐度混合参数可通过实测数据率定和经验公式计算两种方法确定，其中，实测率定可以提供更高精度的计算结果。依前人研究经验，此处磨刀门采用参数率定法建立盐度扩散解析模型。范登伯格系数是一种河口的特征参数，不随时间发生变化，而更似一种河口固有属性的自然反映。与之相反，盐度混合系数表征径、潮相互作用的响应系数，因而与动力一样随时间变化而出现差异。参数的率定过程，首先通过式(2.24)以及河口盐水入侵曲线形状确定磨刀门的范登伯格系数，然后再依据最小二乘法确定每一个实测组次的盐度混合系数。采用的数据与定常扩散系数模型中一样，分大潮期以及小潮期两个阶段各三组实测值。变常扩散系数模型的相关参数率定结果如表 2.4 所示。磨刀门范登伯格系数为 0.4，口门混合系数平均值为 1.3 m^{-1}。应用率定参数，基于式(2.24)建立磨刀门变常扩散系数模型，模拟大潮及小潮盐水入侵结果如图 2.10 所示。图 2.10(a)、(b)、(c)对应大潮期间 1 月 24 日、25 日和 26 日的盐水入侵过程，图 2.10(d)、(e)、(f)对应小潮期间 1 月 30 日、31 日和 2 月 1 日的盐水入侵过程，曲线为计算值，散点为实测值。

比较图 2.10 中的计算结果与实测数据，可确定磨刀门的变常扩散系数解析模型可以较好地模拟盐水入侵过程，尤其在小潮期以及河口上游区域低盐度的状况下，计算结果精确较高。因而，基于可靠的范登伯格系数和混合系数，式(2.24)可视作计算河口盐水入侵十分有效的解析模型。

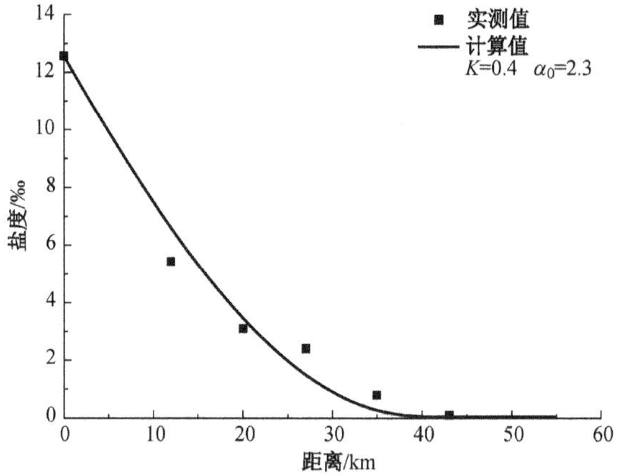

（a）大潮期间（1 月 24 日）

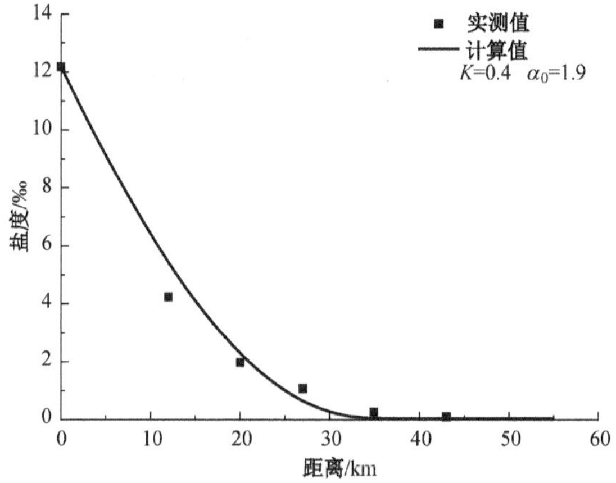

（b）大潮期间（1 月 25 日）

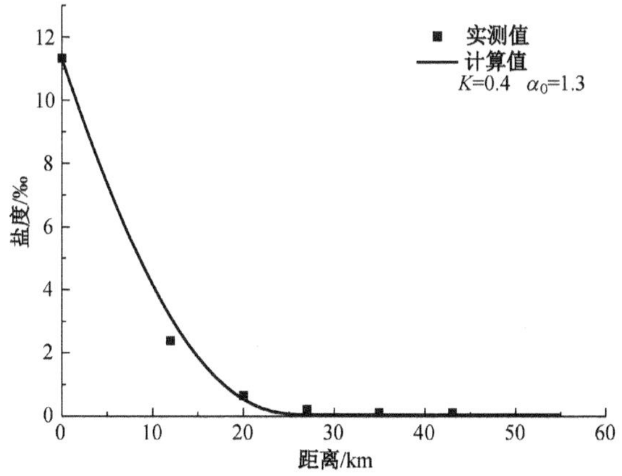

（c）大潮期间（1 月 26 日）

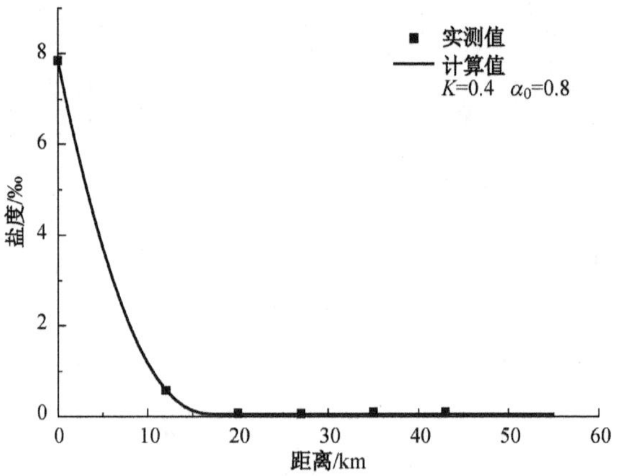

(d) 小潮期间(1 月 30 日)

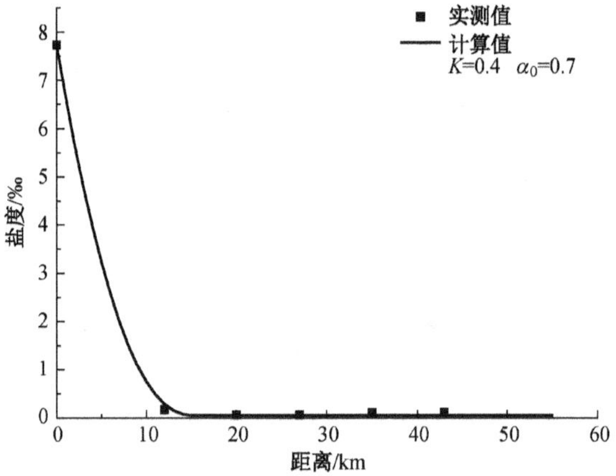

(e) 小潮期间(1 月 31 日)

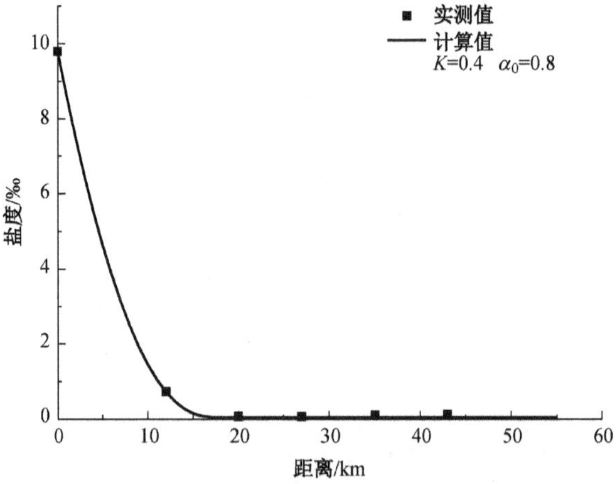

(f) 小潮期间(2 月 1 日)

图 2.10 变常扩散系数模型在磨刀门大潮以及小潮期间的模拟效果

2.4.4　磨刀门盐水入侵特征模拟分析

上文建立的磨刀门定常扩散系数模型和变常扩散系数模型使用了大潮和小潮各三天的实测数据，率定了模型中需要的混合系数以及范登伯格系数，率定结果分别列于表 2.3 和表 2.4 之中。从表格中的数据分析发现，范登伯格系数作为一个河口属性系数，为定值 0.4；而盐度的混合系数则从大潮至小潮不断减小。因而，此处选用了 6 组实测的混合系数平均值作为磨刀门口门混合系数，并基于 1 月 27—29 日的实测数据，进一步验证定常扩散系数模型和变常扩散系数模型在磨刀门的适用性，比较分析模拟过程的异同特性。

定常扩散系数模型纵向扩散系数通过线性拟合分析确定，变化区间为 1.71～0.39 m^{-1}，均值为 0.84 m^{-1}。变常扩散系数模型口门混合系数变化区间为 2.30～0.70 m^{-1}，均值为 1.30 m^{-1}。图 2.11 展示了使用盐度混合系数均值的磨刀门盐水入侵解析模型在中潮期间的计算结果，图中矩形分别表示磨刀门 1 月 27 日、28 日、29 日的实测盐度值，实线为定常扩散系数模型的模拟结果，虚线为变常扩散系数模型的模拟结果。

磨刀门盐水入侵曲线形状是第一种类型对数内凹型，与磨刀门较为顺直的河口形状以及其强径弱潮的动力特性有关。从图 2.11 可见，两种解析模型都可以较好地反演磨刀门盐水入侵过程，同时也表现出了较明显的差异。定常扩散系数模型在下游盐度较大区域的模拟结果较变常扩散系数模型结果更为精确，而变常扩散系数模型在上游表现得更好。产生这种表现差异的原因是，定常扩

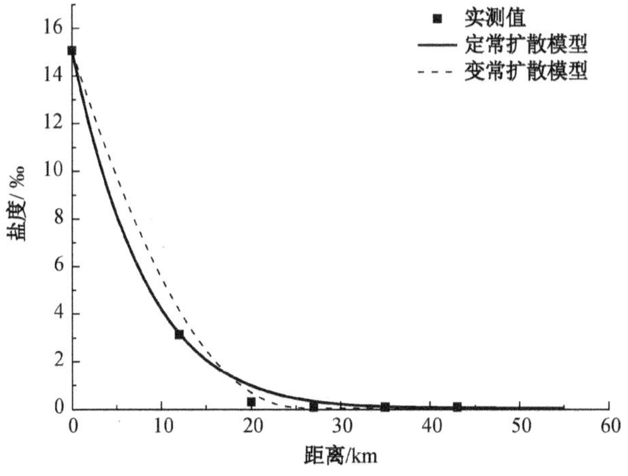

(a) 中潮期间(1 月 27 日)

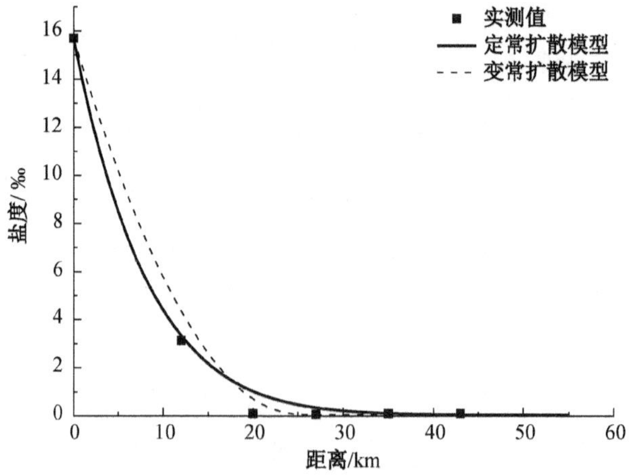

(b) 中潮期间(1 月 28 日)

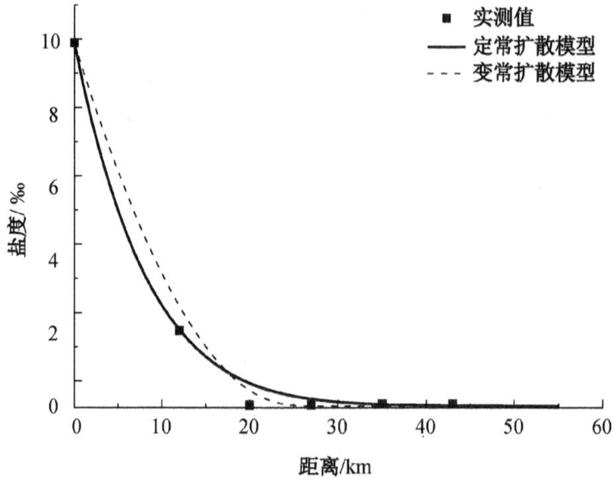

(c) 中潮期间(1 月 29 日)

图 2.11　定常、变常扩散系数模型在磨刀门中潮期间验证效果比较

散系数模型中的混合系数率定精度对下游的实测数据有更高的依赖性,而变常扩散系数模型则更关注河口盐水入侵长度曲线。

磨刀门 1 月 27—29 日实测盐度与两种解析模型计算值之间的相似关系分列于图 2.12,图中矩形代表定常扩散系数模型计算结果,三角形代表变常扩散系数的计算结果,图形若出现在斜线上方表示计算结果高估,在斜线下方则为低估。为进一步定量分析变常扩散系数模型和定常扩散系数模型在磨刀门模拟的优劣差异,本文采用加权卡方检验法比较计算值和实测值的相似度,加权因子重在强调盐水入侵曲线的“尾巴”,因为曲线的“尾巴”表征盐水入侵长度,是检验

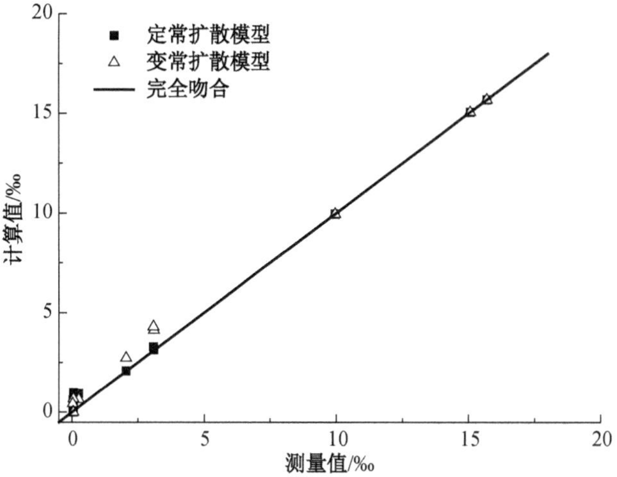

图 2.12　定常扩散系数模型和变常扩散系数模型的计算精度比较

盐水入侵解析模型模拟能力的关键之一。另外，口门盐度是建立理论模型的另一关键所在。因而，加权卡方检验可写作

$$\chi^2 = \sum_{i=1}^{n}\left[\frac{(s_i^o - s_i^c)^2}{s_i^c} \times \frac{|s_0^c - s_i^c|}{s_0^c}\right] \qquad (2.26)$$

式中，n 为样本数量；s_0^c 为口门计算盐度值；s_i^o 为实测盐度值；s_i^c 为计算盐度值。定常扩散系数模型的卡方检验值为 2.96，变常扩散系数模型的卡方检验值为 1.68，两者差别不大。当然，仅从数值比较上判断，变常扩散系数模型的模拟结果与实际测量结果更为接近。

定性分析及定量检验结果表明，定常扩散系数模型和变常扩散系数模型可以预测磨刀门盐水入侵过程，计算盐度沿程扩散分布。两种模型在磨刀门盐度扩散研究应用中各具优势，定常解析模型善于模拟下游盐度扩散分布，而变常解析模型则更适合预测盐水入侵长度。

2.5　虎门盐度扩散特征

2.5.1　虎门的形态特征

虎门位于东莞市沙角，通过虎门入海的径流包括东江的全部径流，西、北江的部分径流以及上游流溪河径流。虎门口门外为喇叭形伶仃洋河口湾，口门宽度约为 4 km。西、北江在思贤滘连通，经三水、马口水文站进入西、北江三角洲，其中进入广州片河网区汇入虎门后入海的径流约占三水站流量的 27.3%～28.5%。

本章选用的虎门沿程分布的 9 个站点的布置如图 2.13 所示，口门站点为大虎，往上游依次为泗盛涠、漳澎、麻涌、大盛、黄埔右、大石、沙洛围及浮标厂。选用大潮期(1 月 24 日和 25 日)、中潮期(1 月 27 日和 28 日)和小潮期(1 月 30 日和 31 日)各 2 天的测量资料作为研究的基本数据，其中包括盐度、水位和流量。为了分析虎门水道在盐水入侵最严重状态下盐度的分布特征，本章研究聚焦于虎门涨憩时刻盐度沿程扩散过程的分析。

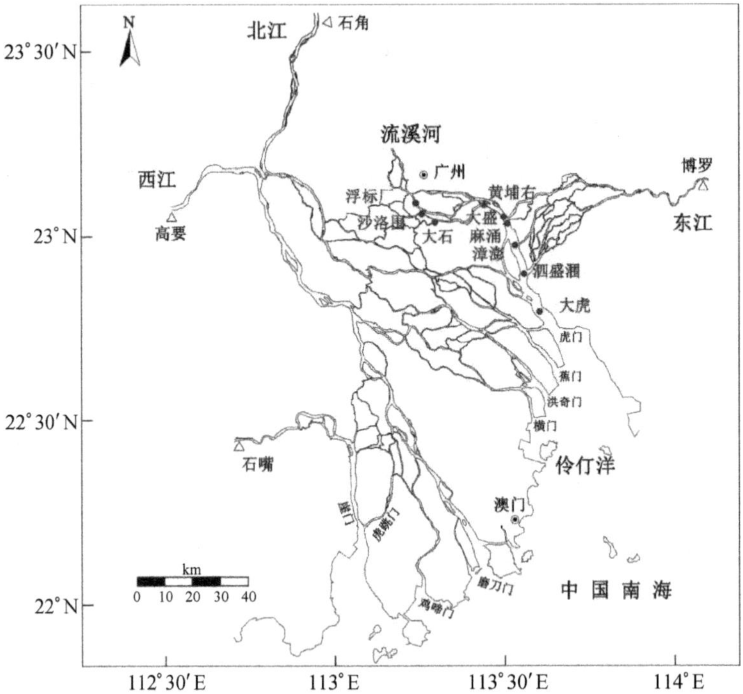

图 2.13　虎门 9 站点沿程布置示意图

虎门断面面积向岸沿程变化特征如图 2.14 所示，正方形代表断面面积的实测散点，曲线是指数拟合结果，拟合优度为 0.92。虎门的口门断面面积为 37 822 m^2，而断面面积收敛长度 a 为 16.7 km。从两个特征参数可以看出，虎门是一个口门宽而河道迅速收窄的喇叭形状河口。

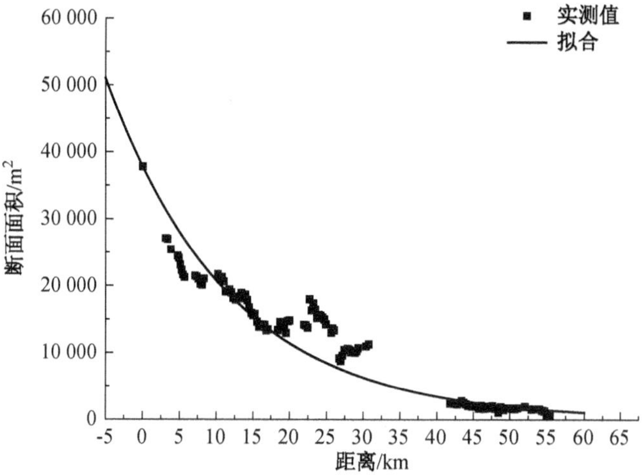

图 2.14　虎门河道断面面积沿程指数收敛示意图

2.5.2　虎门定常扩散系数解析模型

虎门的定常扩散系数模型纵向扩散系数沿水道保持不变，通过拟合回归分析方法确认，分析过程采用的数据包括大潮和小潮期共四组实测资料，结果如图 2.15 所示。

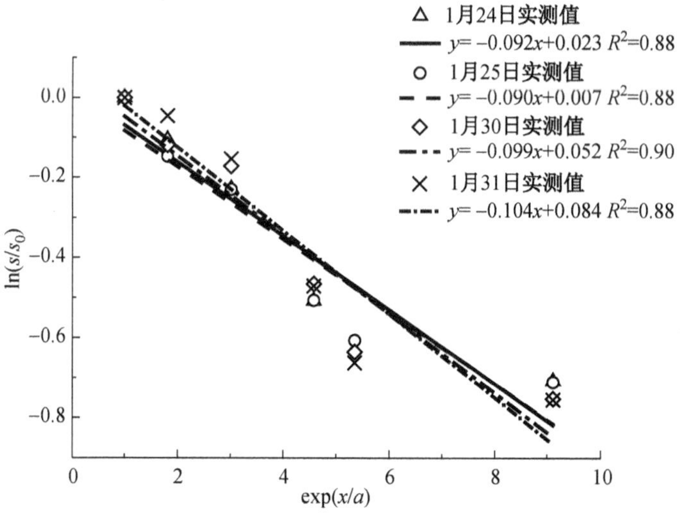

图 2.15　虎门盐度函数与距离函数线性关系示意

图 2.15 中，S 为沿程盐度值，S_0 为口门盐度值，α 为断面面积收敛长度系数，散点表示 1 月 24 日、25 日、30 日、31 日的实测盐度，直线表示的是函数 $\ln(s/s_0)$ 与函数 $\exp(-x/a)$ 的线性拟合方程，斜率代表的是 $-aQ_f/(D_0A_0)$ 的值，故可进一步计算盐度混合系数 $\alpha=-D_0/Q_f$。相关拟合参数如表 2.5 所示，第二列是拟合直线的斜率，第四列为拟合优度 R^2，优度值变化区间为 0.88～0.90，均值0.89 表明拟合结果优良。虎门盐度纵向混合系数列于第三列，大潮期间混合系数值较小潮期间的约大 10%，变化区间为 4.21～4.96 m^{-1}，均值4.64 m^{-1}。

表 2.5　定常扩散系数模型的相关系数

日期	k	$\alpha=D_0/Q_f/m^{-1}$	R^2
2005-01-24	−0.092	4.96	0.88
2005-01-25	−0.090	4.91	0.88
2005-01-30	−0.099	4.46	0.90
2005-01-31	−0.104	4.21	0.88
平均值	—	4.64	0.89

基于式(2.15)，结合率定的盐度混合系数(表 2.5)确定虎门定常扩散系数模型，模拟结果如图 2.16 所示。横坐标代表距口门的长度，纵坐标代表盐度值。1 月 24 日结果代表虎门大潮期间沿程盐度的分布情况，1 月 30 日结果代表虎门

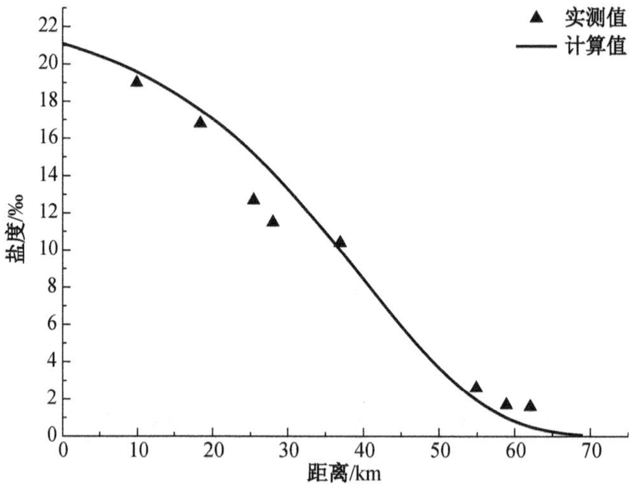

(a) 1 月 24 日模拟结果

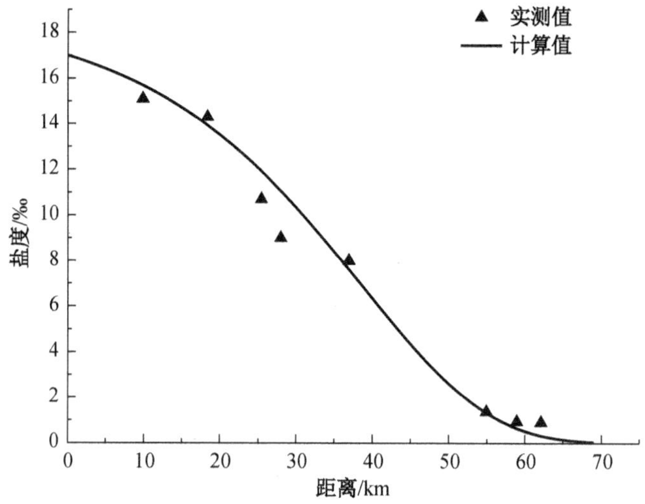

(b) 1 月 30 日模拟结果

图 2.16　定常扩散系数模型在虎门大潮及小潮期模拟结果

小潮期间沿程盐度分布情况。散点代表实测值，曲线为计算值，从两者的相似度看，定常扩散系数模型的模拟效果良好。由图 2.16 可见，虎门盐水入侵严重，盐水入侵长度大小潮期间均超过 60 km。

2.5.3　虎门变常扩散系数解析模型

在变常盐度扩散解析模型中，假设盐度的纵向扩散系数 D_x 是沿程变化的。虎门盐度扩散分布可基于式(2.24)模拟计算，模型结果的准确性由范登伯格系数 K 和口门盐度混合参数控制。参数可以通过经验公式方法和实测数据率定来确认。本章为构建虎门变常扩散系数模型，分别采用了以上两种不同的系数确认方法，以比较“经验法”与“率定法”扩散系数模型在虎门的适用性。

通过式(2.19)至式(2.21)可确定范登伯格系数 K 和口门盐度混合参数的经验计算值。模型模拟结果如图 2.17 所示，散点为实测值，曲线为计算值，1 月 24 日结果代表大潮期间盐度的分布特征，1 月 30 日结果代表小潮期间盐度的分布特征。从模拟计算值和实际测量值的相关性比较分析，可知通过经验公式建立的变常扩散系数解析模型虽然可以准确描述盐水入侵曲线的变化形状，但是在预测盐水入侵长度的过程中存在明显的偏差。出现上游低估的原因是虎门动力复杂，存在多源径流的情况，东江来流仅影响大盛站以下水道段，故存在转折点，上游径流少于下游，这一动力特征在经验模型中并没有考虑。

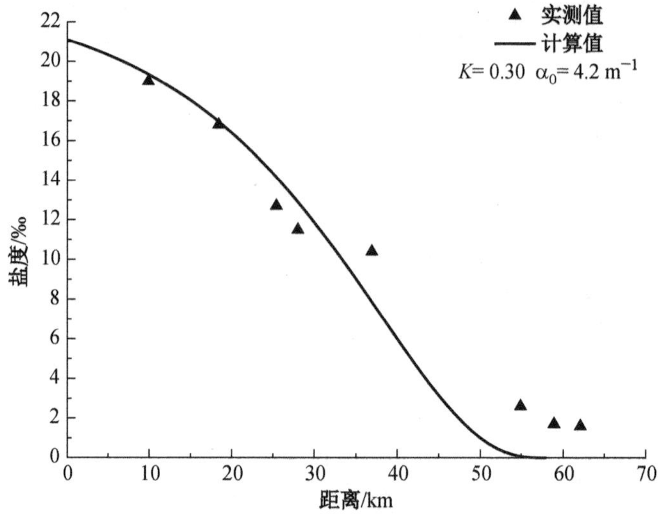

(a) 1 月 24 日模拟结果

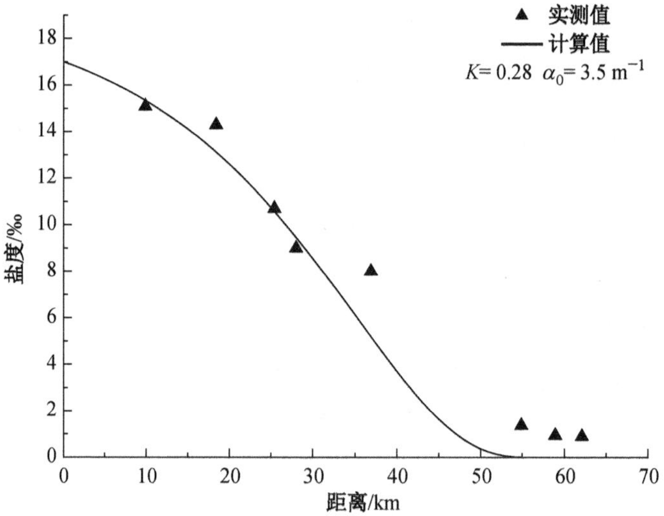

(b) 1 月 30 日模拟结果

图 2.17　经验模式下的变常扩散系数模型在虎门大潮及小潮期模拟结果

“率定法”变常扩散系数模型是通过实测数据率定确定范登伯格系数 K 和口门盐度混合参数的。范登伯格系数由河口固有属性决定，所以可以通过式(2.24)及盐水入侵曲线形状而首先确定；再通过最小二乘法结合实测数据确定口门盐度混合参数。虎门变常扩散系数模型在大潮、小潮期间的相关参数如表 2.6 所示。虎门的范登伯格系数为 0.1，盐度混合系数变化区间为 4.5～4.9 m^{-1}，均值为 4.7m^{-1}。

表 2.6　变常扩散系数模型的相关参数

日期	K	α_0/m^{-1}
2005-01-24	0.1	4.9
2005-01-25	0.1	4.8
2005-01-30	0.1	4.7
2005-01-31	0.1	4.5
平均值	0.1	4.7

应用率定参数，基于式(2.24)建立率定模式下虎门变常扩散系数模型。模型在虎门大潮(1 月 24 日)及小潮(1 月 30 日)期模拟盐水入侵过程如图 2.18 所示。图中曲线为计算值，散点为实测值。率定模式下变常扩散系数模型在虎门的模拟结果虽依旧存在上游低估、下游高估的现象，但相较经验模式下的计算结果，模型的模拟精度有了显著的提高。这主要是因为模型的盐度混合系数在率定过程中会综合考虑河口动力的时空特征，虎门上下游存在径流动力差异，因此会折中取值，上下兼顾，故可在一定程度上改善计算结果。

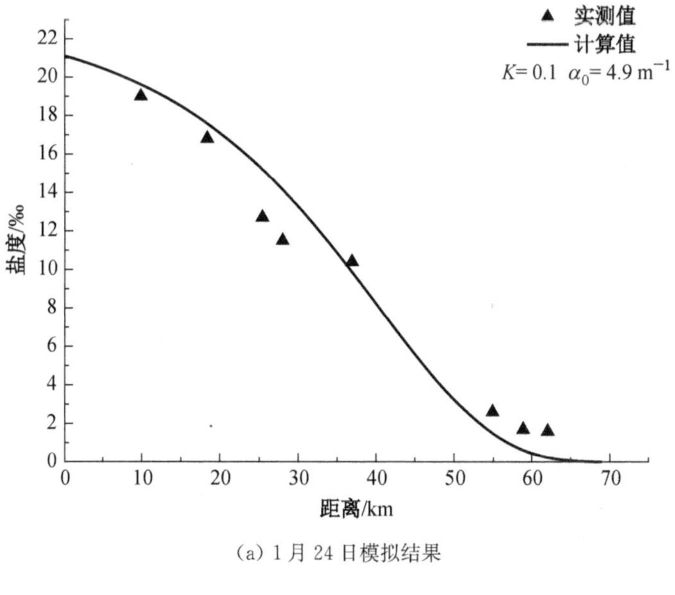

(a) 1 月 24 日模拟结果

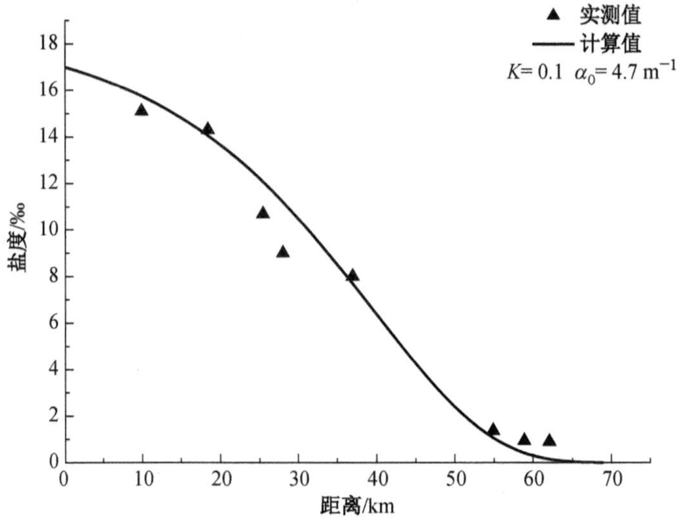

(b) 1 月 30 日模拟结果

图 2.18　率定模式下变常扩散系数模型在虎门大潮及小潮期模拟结果

2.5.4　虎门盐水入侵特征模拟分析

通过大小潮实测数据率定盐度混合系数以及范登伯格系数，建立了虎门定常扩散系数模型和变常扩散系数模型。率定数据表明，虎门的河口属性决定其范登伯格系数为 0.1，盐度混合系数大小潮差异不大，但依旧呈现从大潮至小潮不断减小的趋势。取用大小潮四组实测的混合系数平均值作为模型进一步验证的理论混合系数，基于中潮期间 1 月 27 日和 28 日的实测盐度资料，比较分析定常扩散系数模型和变常扩散系数模型在虎门模拟盐水入侵过程中的异同特性。

定常扩散系数模型需要率定唯一的待定系数盐度混合系数，该系数可以通过线性回归分析的方法确定。率定的混合系数的变化区间为 4.21～4.96，平均值为 4.64 m^{-1}。变常扩散系数模型需要确定 2 个参数，虎门的范登伯格系数确定为 0.1，口门混合系数变化区间是 4.5～4.9 m^{-1}，均值 4.7 m^{-1}。使用混合系数均值的虎门盐水入侵解析模型在中潮期间的计算结果如图 2.19 所示，图中实线为率定模式下的变常扩散系数模型的模拟结果，虚线为定常扩散系数模型的模拟结果。从图上不难发现，定常系数和变常系数模型计算的盐度扩散分布结果与实测值相比较，均存在较明显的误差，尤其在离口门较远的上游区域。

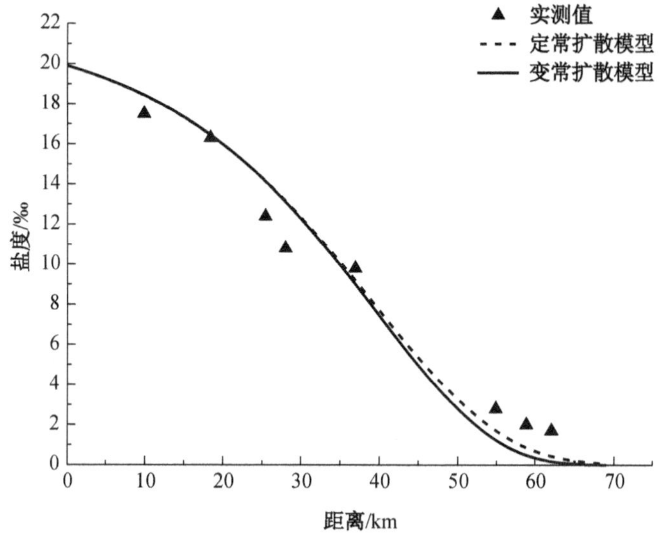

(a) 1 月 27 日模拟结果

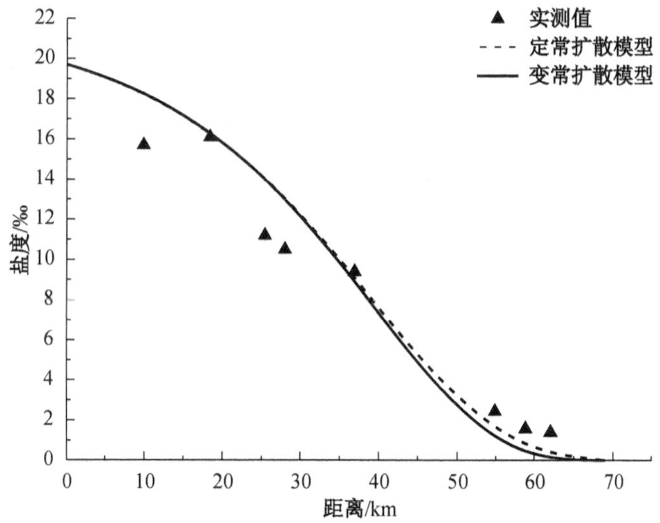

(b) 1 月 28 日模拟结果

图 2.19　变常扩散系数模型和定常扩散系数模型在虎门的模拟结果比较

虎门盐水入侵曲线形状是第二种钟形衰减型，正符合虎门喇叭形河口的形状特征，口门宽度较大收敛长度较短，上游窄长水道断面面积收敛长度较长。从图 2.19 可见，两种解析模型都可在一定程度上反演虎门盐水入侵过程，但在此例中，定常扩散系数模型的计算结果更优，更接近实际测量数据，且率定建立模型过程较为方便简洁。然而，虎门复杂动力使得上下游盐水入侵过程存在阶段变化，需要针对其动力特征进一步改善模型才可真正解决盐水入侵解析模型在虎门预测的精度问题。

2.6 本章小结

本章基于两种稳态盐水入侵解析模式，研究了珠江三角洲典型强径口门磨刀门以及强潮口门虎门的盐度扩散特征。依据河口有限的水文和地形资料确定盐度扩散系数快速构建盐水入侵解析模型。通过与珠江口实测数据的比较，分析了扩散系数差异造成的模拟结果的异同优势。结果表明，盐度扩散解析模型在潮汐河口应用中展现出了良好的模拟能力，在河道盐度分布反演和盐水入侵长度预测方面。定常扩散系数解析模型假定盐度扩散系数沿程保持不变，通过拟合回归分析确定盐度混合系数（盐度扩散系数）构建模型，适用于河口盐度分布特征计算；变常扩散系数解析模型假定盐度扩散系数沿程变化，通过实测系数率定口门混合系数（口门扩散系数）和范登伯格系数构建模型，适用于盐水入侵长度预测研究。

潮汐河口盐度扩散过程特征与河口形态动力相关。磨刀门水道顺直且受强径弱潮的动力特征影响，口门盐度梯度大，盐度在口门附近迅速减小，过程曲线呈内凹的变化特征，且下游盐度受径流影响明显，盐水入侵长度可通过调水有效控制。虎门喇叭形形态使得河口纳潮量巨大，下游受潮控制，宽口门窄水道的地貌特征使得虎门口门盐度梯度较小，扩散变化缓慢，随后盐度梯度逐渐增大后减小，过程曲线呈现下游外凸至上游内凹的过渡变化特征。

第三章
多源河口盐水入侵分布特征

河口盐水入侵引发的一系列生态环境问题直接影响着河口海岸地区社会经济的正常发展。河口地区盐水入侵问题的不断恶化加剧，一方面作为热点问题吸引了越来越多的科研工作者用不同手段从不同角度深入地剖析河口盐水的扩散特征和上溯过程机制，另一方面也促使政府管理部门投入了更多的人力物力和财力去完善河口盐水入侵的防治措施。目前，针对河口特征，通过数值模拟和解析分析，不少模型已被成功应用于世界范围内的河口盐水入侵研究工作之中。其中，数值模拟因其多维大数据计算能力以及时空特征可视化的后处理优势，成为处理河口盐水入侵问题较为流行的研究手段。然而，与之相较，解析模型亦有其自身不可取代之优势。作为一种高效的计算分析手段，解析模型立足实测数据，能够直观反映盐水入侵现象的本质物理过程。同时，解析模型建立对河口实测资料需求较弱，可以灵活应对水文资料较为缺乏的情况。最后，解析模型由于计算量小处理速度快，也被用作确定河口盐水入侵长度的快速预测工具。上一章已经简要地介绍了几种主要的盐水入侵解析模型，并且重点介绍了两种常用的模型在珠江三角洲虎门及磨刀门区域的良好应用状况。近 30 年间，盐水入侵解析模型的模拟实用性已在全球数十个冲积型河口得到了验证，例如冈比亚河口(Gambia Estuary)、法拉盛湾(Flushing Bay)、湄公河口(Mekong Estuary)以及我国的长江口。这些河口的动力条件跟磨刀门相似，下游潮汐动力，上游单源径流，且现有的盐度扩散解析模型亦是针对这种河口动力特征而建立的。但不同于单源河道河口，河网型三角洲往往存在多个径流源分段汇入河道的复杂动力情况，此情况在珠江三角洲以虎门尤甚。同时，河口多源径流的特征也为解析模型的建立带来了新的困难——模型中有效径流量的确定。

在上一章中，通过比较虎门和磨刀门盐度扩散特征的研究，已经发现虎门内盐度向上游的衰减并不遵从同一扩散过程，并且盐度沿程上溯表现出了明显的阶段变化的特性，这一现象正是由于虎门变化的径流动力条件引起的。本章充分考虑沿程径流动力变化对盐度的影响，提出一个适用于多源径流潮汐河口的盐度扩散解析模型。初步讨论解决了河网河口多源来流状况下有效径流的确定方法，随后基于大小潮周期内 8 组实地测量数据，首次对珠江三角洲虎门盐水入侵的分布特征进行了细致分析和探讨。最后，综合考虑虎门实际的多源径流动力变化特征，确定了虎门盐水入侵长度快速预测模型。

3.1 多源径流河口盐水入侵解析式

上一章研究结果表明，定常解析模型和变常解析模型在虎门的表现都较为出色，考虑优先盐水入侵长度预测精度，本章研究将采用变常盐度扩散系数。在盐度对流扩散方程中，复杂的物理混合过程被浓缩成一个单独的扩散系数表征。不考虑时间效应，稳态盐度对流扩散方程可以写为

$$\frac{\mathrm{d}Q_{\mathrm{f}}s}{\mathrm{d}x}=\frac{d}{\mathrm{d}x}\left(AD_{x}\frac{\mathrm{d}s}{\mathrm{d}x}\right) \tag{3.1}$$

式中，A 为河口断面面积；s 为断面平均盐度；Q_{f}为径流量；x 以口门为坐标原点，向岸方向为正。对式(3.1)两边积分可得

$$\frac{\mathrm{d}s}{s}=\frac{Q_{\mathrm{f}}}{AD_{x}}\mathrm{d}x \tag{3.2}$$

需要注意的是，由于坐标向岸方向为正，所以式(3.1)与式(3.2)中流量 Q_{f} 为负值。式(3.2)称作稳态下(涨憩和落憩状态)盐度的平衡方程。河口断面面积变化采用冲积河口常见形态指数收敛型

$$A=A_{0}\exp(-x/a) \tag{3.3}$$

类似地，假设河口断面宽度以及水深均满足指数收敛特征

$$B=B_{0}\exp(-x/b) \tag{3.4}$$

$$h=h_{0}\exp(-x/d) \tag{3.5}$$

式中，A_0、B_0 和 h_0 分别为口门断面面积、断面宽度和水深；a、b 和 d 分别为河口断面面积收敛长度系数、断面宽度收敛长度系数和断面水深收敛长度系数。

假设纵向扩散系数沿程变化的函数形式为

$$\frac{\mathrm{d}D_x}{\mathrm{d}x}=K\frac{Q_{\mathrm{f}}}{A} \tag{3.6}$$

式中，K 为范登伯格系数；D_x 是纵向扩散系数。这两个参数可以采用经验公式计算确定，也可以通过实测数据率定获取。实际应用证明，经验公式计算值精度较低，建议在有条件的情况下优先使用实测率定的方法确定关键参数范登伯格系数 K 和口门扩散系数 D_0。

将式(3.3)代入式(3.6)，积分可得

$$\frac{D_x}{D_0}=1-\frac{Ka}{\alpha_1 A_0}[\exp(x/a)-1] \tag{3.7}$$

其中，α_1 为盐度混合系数

$$\alpha_1=-D_0/Q_{\mathrm{f}} \tag{3.8}$$

在有多个径流源的河口中，径流动力会在不同水道发生变化。而在径流沿程变化的情况下，盐、淡水的混合特征不能用单一的系数函数表达。所以，基于盐度扩散的基本解析理论，多源河口水道内盐、淡水混合可描述为

$$\frac{D_{xi}}{D_0}=1-\frac{Ka}{\alpha_i A_0}[\exp(x/a)-1] \qquad (i=1,2,\cdots,n) \tag{3.9}$$

其中，河道分段混合系数表达为

$$\alpha_i=-D_0/\sum_i^n Q_i \tag{3.10}$$

式中，i 为河段数量(从口门开始向上游计量)；n 为河口径流源的个数；Q_i 为不同径流源的来流量(从口门开始向上游计量)；D_{xi} 为不同河段的扩散系数。

将式(3.2)代入式(3.6)，得

$$\frac{\mathrm{d}s}{s}=\frac{1}{K}\frac{\mathrm{d}D_x}{D_x} \tag{3.11}$$

进一步积分可得

$$\frac{s}{s_0}=\left(\frac{D_x}{D_0}\right)^{\frac{1}{K}} \tag{3.12}$$

将式(3.9)和式(3.10)代入式(3.12),即可得多源河口纵向盐度扩散解析表达式

$$s = s_0 \left\{ 1 + \frac{Ka \sum_i^n Q_i}{D_0 A_0} [\exp(x/a) - 1] \right\}^{\frac{1}{K}} \quad (i = 1,2,\cdots,n) \quad (3.13)$$

或者表示为

$$s = s_0 \left\{ 1 - \frac{Ka}{\alpha_i A_0} [\exp(x/a) - 1] \right\}^{\frac{1}{K}} \quad (i = 1,2,\cdots,n) \quad (3.14)$$

取定0.5‰作为盐水入侵的极限盐度值,将式$s=0.5$‰代入式(3.14),可得多源河口盐水入侵表达式

$$\begin{aligned} x_L &= a\ln\left\{ \left[1 - \left(\frac{0.5}{s_0} \right)^K \right] \frac{\alpha_i A_0}{Ka} + 1 \right\} \quad (i = 1) \\ x_L &= \sum_{j=1}^{i-1} L_j + a\ln\left\{ \left[1 - \left(\frac{0.5}{s_0} \right)^K \right] \frac{\alpha_i A_0}{Ka} + 1 \right\} \quad (i \geqslant 2) \end{aligned} \quad (3.15)$$

式中,x_L为涨憩时刻的盐水入侵长度;L_j表示水道长度($j=1,2,\cdots$,从口门起向上游计量)。

3.2 虎门多源径流动力概况

上一章通过单源单水道盐水入侵解析模型,分析了虎门及磨刀门的纵向盐度分布特征,也进一步证明了盐度扩散解析模型在珠江口盐水入侵问题研究中的适用性。珠江三角洲上游三江汇流,下游八口入海,是一个多水多汊河口。本章研究聚焦八大口门之一的虎门。虎门是珠江三角洲最典型的强潮口门,是东四口门最大的泄水口,区域盐水入侵最为严重。

虎门是一个典型的多源河口,上游径流源由三部分组成,包括东江、流溪河以及西北江部分来流。其中,流溪河的年径流量相较其他两处径流源极小,故而东江以及西北江来流是控制虎门上游径流量的主要径流源。分析本章所采用的研究数据,流溪河的实测径流量与东江和西北江的径流量在数值上相差一个以上数量级,所以在本章研究中忽略流溪河的影响,仅考虑东江和西北江两处径流源对虎门盐水入侵的作用。在正常来流年份,枯季虎门盐、淡水混合充分,河口

处于完全混合状态。值得注意的是，本次研究采用的数据测量于 2005 年枯季，此间珠江三角洲正经历着三年大旱，流域径流量较正常年份减少了 30%～50%，因而虎门在本章选定的研究期间不会出现盐、淡水分层现象。

虎门形状似一个喇叭，口门处像漏斗，面向南中国海；上游是窄水道，往北向延伸，长约 128 km。根据动力特征差异，可以将虎门水道分为两个部分：上支河段称为广州水道，下支河段称为狮子洋水道。东江来流仅影响口门往上 36 km 长度的水道，所以广州水道仅受到西北江来流的影响，而狮子洋水道则由东江和西北江两个径流源控制。

本章研究选用的数据为从 1 月 23 日至 2 月 2 日的测量资料，涵盖整个大小潮周期。沿程选定站点的布置如图 3.1 所示，口门站点为大虎，往上游依次为泗盛围、漳澎、麻涌、大盛、黄埔右、大石、沙洛围及浮标厂。实测盐度取最大盐度值近似涨憩盐度。

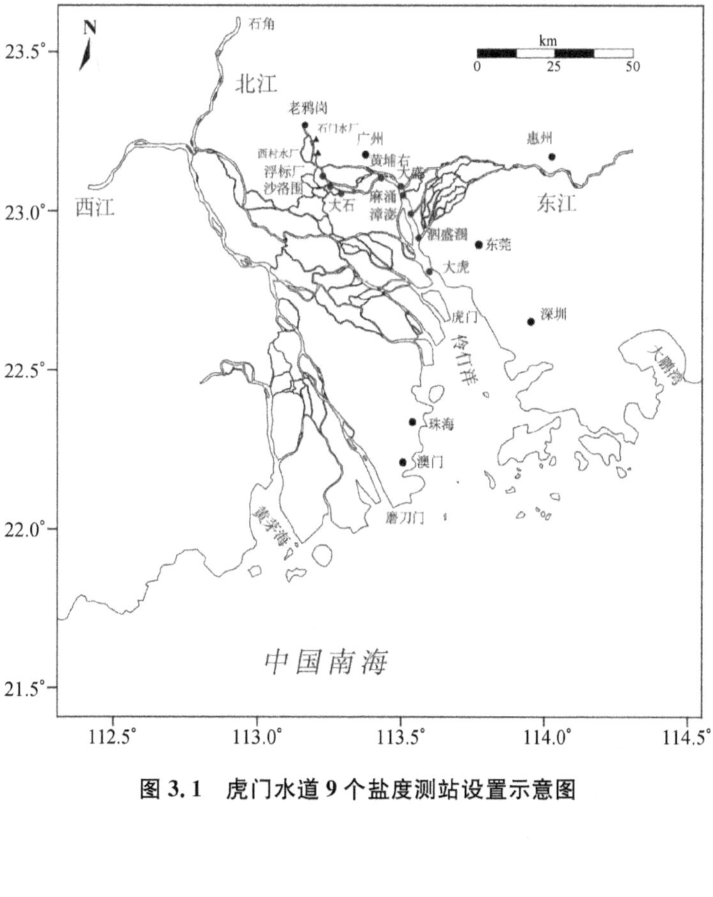

图 3.1　虎门水道 9 个盐度测站设置示意图

3.3　虎门盐水入侵过程的多段特性

3.3.1　虎门的形状特征

虎门的断面面积、断面宽度以及水深的变化按照指数收敛变化拟合，图 3.2 是指数坐标系，直线和散点的相似度表征拟合的精度。基于式(3.3)、式(3.4)、式(3.5)可确定虎门的地貌特征参数。虎门的口门断面面积 A_0 为 37 822 m^2，河口断面面积收敛长度 a 为 16.7 km。

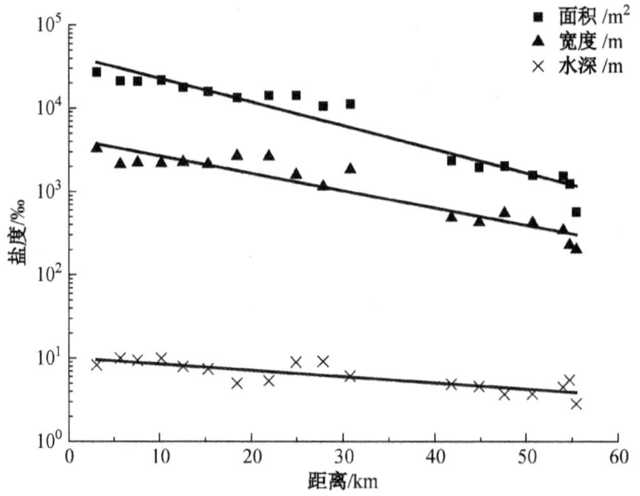

图 3.2　虎门河道断面、断面河宽、水深沿程的变化规律

3.3.2　虎门盐度扩散的模拟

本文建立的多源河口盐水入侵解析模型采用的是沿程变化的扩散系数，故而模型需要确定两个重要参数，范登伯格系数和盐度的混合系数。如上文所述，范登伯格系数表征的是与时间无关的河口固有属性，决定盐水入侵过程曲线的形状；而盐度混合系数则随着径潮相互作用的变化而发生变化，决定着盐水入侵长度。因而，选定河口后须先确认该河口唯一的范登伯格系数，再计算不同的盐度混合系数。采用单源河口盐水入侵解析模型，即式(3.7)、式(3.8)和式(3.15)，

率定相关参数，建立虎门单径流源条件下盐水入侵解析模型，模拟单源影响下虎门盐水入侵的变化过程。参数率定和模型的建立使用的数据均为虎门大潮期间 1 月 23—26 日的实测盐度资料，单源盐水入侵解析模型对虎门盐度扩散模拟的结果如图 3.3 所示，图中实线为模型计算的结果，散点为实测值。不难发现，虎门单源盐水入侵解析模型在虎门下游区域表现优异，但是在上游区域则出现了明显的低估现象。虎门多径流源的动力特征正是引起此处低估最直接的原因。

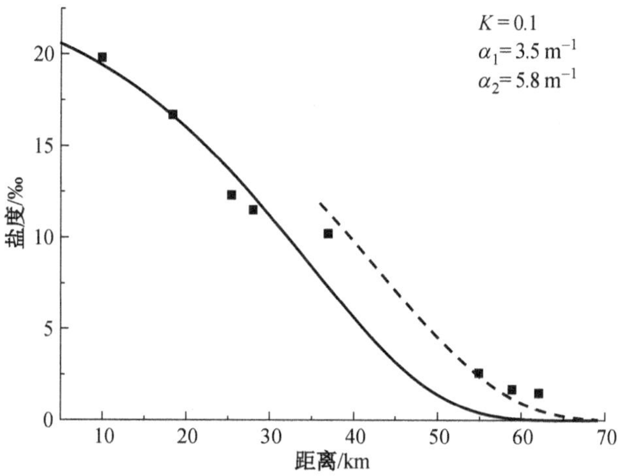

(a) 1 月 23 日模拟结果

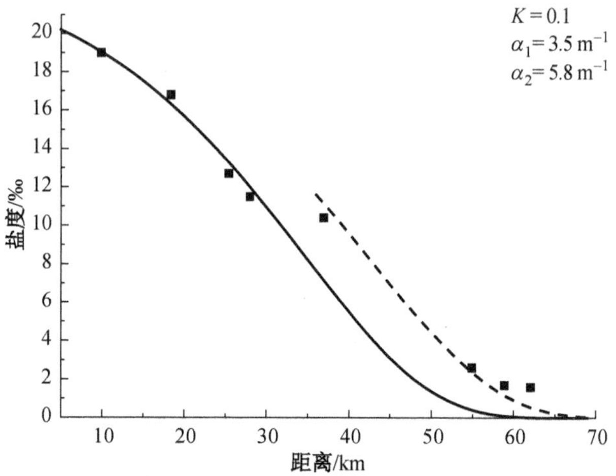

(b) 1 月 24 日模拟结果

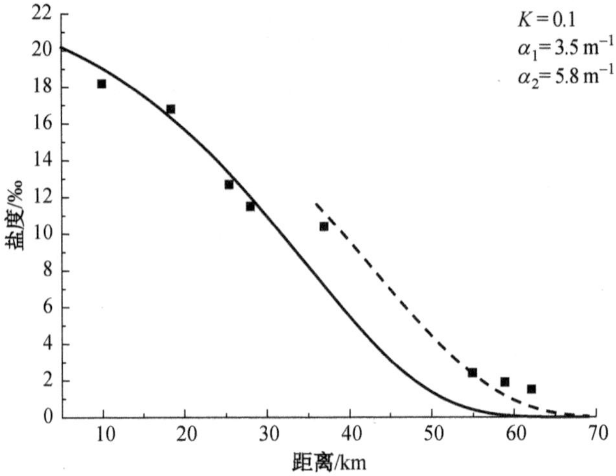

(c) 1 月 25 日模拟结果

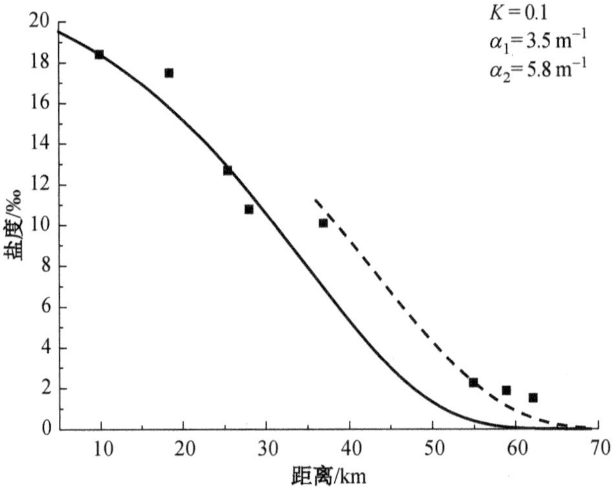

(d) 1 月 26 日模拟结果

图 3.3　虎门大潮期涨憩盐水入侵的模拟结果

在建立虎门单源盐水入侵解析模型的过程中，使用的径流边界条件是虎门上游最完整的径流量值，即包括东江和西北江两个部分。然而，正如前文所述，东江来流仅对下游 36 km 长水道有影响，对上游水道的盐度扩散分布无任何作用。因此，可以理解在模型中上游径流量高估的情况下，模型中混合系数以及径流边界条件都会出现误差，造成模拟结果的错误，低估虎门盐水入侵长度。

虎门多源径流引起的盐度扩散分段规律实际可通过多源盐度扩散解析模型式(3.13)解释。图3.3中的虚曲线表示受多源径流影响,盐度上溯趋势出现了多段变。虚曲线是由式(3.13)计算模拟的虎门上游河段盐水入侵过程,与实测散点相似度良好。此外,比较实曲线和虚曲线形状可以发现,两者是相同的钟形特征,只是在坐标中进行了“平移”。这一现象说明,决定盐水入侵过程曲线形状的参数,范登伯格系数和断面面积收敛长度系数在上、下两个河道中是保持一致的。这一特征跟多汊河道有区别。

通过上述盐度扩散的模拟说明,多源河口尽管河道因动力差异需要分段考虑,但是其河口固有特征仍然保持一致性,在率定过程中,河口需要被看作一个整体。解析模型中,此特性由参数范登伯格系数 K 和断面面积收敛长度系数 a 表征。此外,多源河口盐水入侵解析模型在虎门大潮期的模拟表现(见图3.3)也佐证了式(3.13)和式(3.14)可用于计算多源河口盐度扩散特征。

3.3.3　有效径流的确定

本章研究涉及的径流量数据为:由三水站测量值代表北江来流,马口站测量值代表西江来流,博罗站测量值代表东江来流,测量时间区间为2005年1月23日至2月2日,测量结果见表3.1。

表3.1　虎门大潮时期上游径流来流流量

日期	西、北江来流总量	东江来流量
	马口站和三水站 /($m^3 \cdot s^{-1}$)	博罗站 /($m^3 \cdot s^{-1}$)
2005-01-23	2 382	318
2005-01-24	2 380	318
2005-01-25	2 560	358
2005-01-26	2 777	282
平均值	2 525	319

博罗站是东江上游主要水文站,距离虎门口门大约80 km,在水文测验进行的时间区间内,博罗站实测流量的变化为318～404 $m^3 \cdot s^{-1}$。西江和北江是虎门水道汇流的重要来源。从图3.1可以清楚地发现,西、北江来流通过连接西、

北江三角洲与虎门水道的河网注入虎门。三水站和马口站是北江和西江最重要和最基本的上游水文站，两站所测水量总和列于表 3.1 和表 3.2 中。然而，三水站和马口站实测径流中仅有一小部分会通过网河区汇入虎门水道，与虎门中的海水发生相互作用，影响虎门盐水入侵及水道内的盐度分布。这部分汇入虎门的流量被称为有效流量。如何确定这个有效理论值是进一步开展虎门多源径流特征研究前急须要解决的新问题。结合多源河口盐度扩散分段变化特征，提出了一种确定西、北江有效流量的方法。

式(3.10)是盐度混合系数计算表达式，换种表达形式即可获取上游有效径流的计算表达：

$$\sum_{i}^{n} Q_i = -D_0/\alpha_i \tag{3.16}$$

以虎门为例，两个径流来源为东江和西北江，分别记作 Q_E 和 Q_{NW}，则虎门下游水道狮子洋水道的径流量可以表示为

$$Q_E + Q_{NW} = -D_0/\alpha_1 \tag{3.17}$$

式中，α_1 为下游水道(第一支水道)内盐度的混合系数；D_0 为口门扩散系数。与之类似，上游水道广州水道的径流量可以表示为

$$Q_{NW} = -D_0/\alpha_2 \tag{3.18}$$

式中，α_2 为上游水道(第二支水道)内盐度的混合系数。将式(3.18)代入式(3.17)可以得到两种表达式，第一种表达式描述上游水道与下游水道盐度混合系数间的关系：

$$\alpha_2 = \left(1 + \frac{Q_E}{Q_{NW}}\right)\alpha_1 \tag{3.19}$$

第二种表达式描述两个径流源相对径流关系：

$$Q_{NW} = \frac{\alpha_1}{\alpha_2 - \alpha_1} Q_E \tag{3.20}$$

式中，Q_E 为东江来流量，Q_{NW} 为西、北江汇入虎门的有效径流量，α_1 是下游水道的盐

度混合系数，α_2 是上游水道的盐度混合系数。基于盐水入侵解析模型，通过实测盐度数据拟合率定，可以确定精确的盐度混合系数，即式(3.20)中的下游混合参数 α_1 和上游混合参数 α_2（如图 3.3 所示）。基于式(3.20)与率定的盐度混合参数，可以计算得出西、北江来流的有效流量为 478 $m^3 \cdot s^{-1}$。与西、北江水文站实际所测流量相比(见表 1)，发现大潮期间约有 18.9%的西、北江来流汇入了虎门。

3.3.4 盐水入侵预测

前文基于大潮数据建立了虎门盐水入侵解析模型，提出了有效径流量的确定方法。本小节通过此模型预测小潮期虎门盐水入侵的特征形态，虎门小潮时期上游径流来流流量数据见表 3.2。

表 3.2　虎门小潮时期上游径流来流流量

日期	西、北江来流总量 马口站和三水站/($m^3 \cdot s^{-1}$)	东江来流量 博罗站/($m^3 \cdot s^{-1}$)
2005-01-30	3 174	340
2005-01-31	3 593	341
2005-02-01	3 275	404
2005-02-02	3 547	328
平均值	3 397	353

研究选取的虎门小潮期为 2005 年 1 月 30—31 日以及 2 月 1—2 日。虎门的范登伯格系数 K 已通过大潮期间数据确定为 0.1。通过多源盐水入侵解析模型与小潮实测数据比拟，确定虎门小潮期下游盐度混合系数 α_1 为 3.2 m^{-1}。因为相较盐度，径流变化的时间尺度较大，所以在大、小潮周期内有效径流率(进入虎门的西、北江有效流量与西、北江总流量之比)被视作保持不变。在本次试验中，大潮期间西、北江有效径流率为 18.9%，故小潮期间仍取为 18.9%，则可计算得小潮期汇入虎门西、北江的有效流量为 643 $m^3 \cdot s^{-1}$。同时，通过式(3.19)可以计算获得小潮期间上游水道盐度的混合系数 α_2 为 5.0 m^{-1}。

采用盐水入侵解析模型预测的小潮期间虎门盐度分布结果如图 3.4 所示。

图 3.4(a)(b)(c)(d)分别表示 1 月 30 日、31 日、2 月 1 日、2 日的盐水入侵个空间过程，实线是用多径流源解析模型计算的模拟结果，直接反映了盐水入侵多段变化特征。K 是范登伯格系数，表征河口自然属性，α_1 是下游河段盐度混合系数，α_2 是上游河段盐度混合系数，表征河口盐度扩散特征。模型较好地反演了虎门盐度扩散分段变化的特征，尤其在上游水道内模拟表现更佳。图中，散点表示实测值，曲线表示计算值，可以看出散点较杂乱地分布在曲线周围，可能局部会存在较明显的高估或低估。这些现象产生受很多可能因素的影响，比如测验点靠近

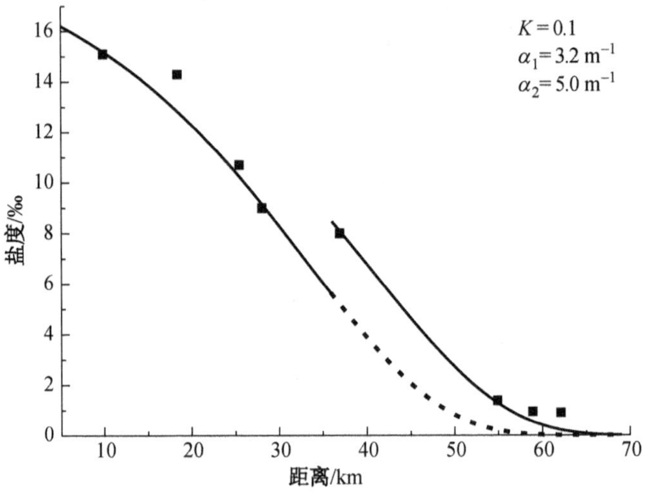

(a) 1 月 30 日

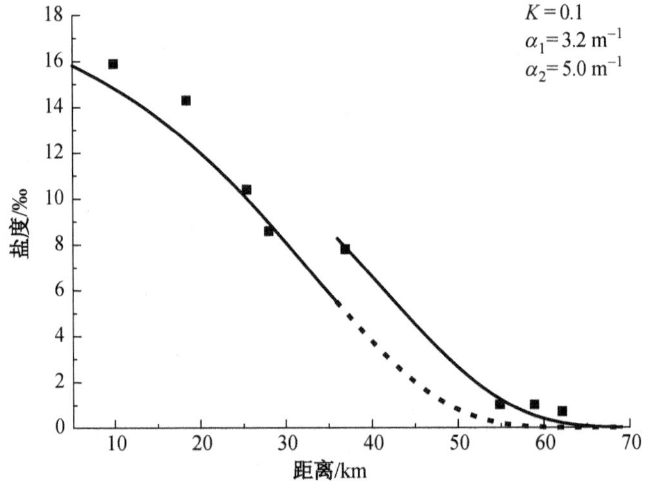

(b) 1 月 31 日

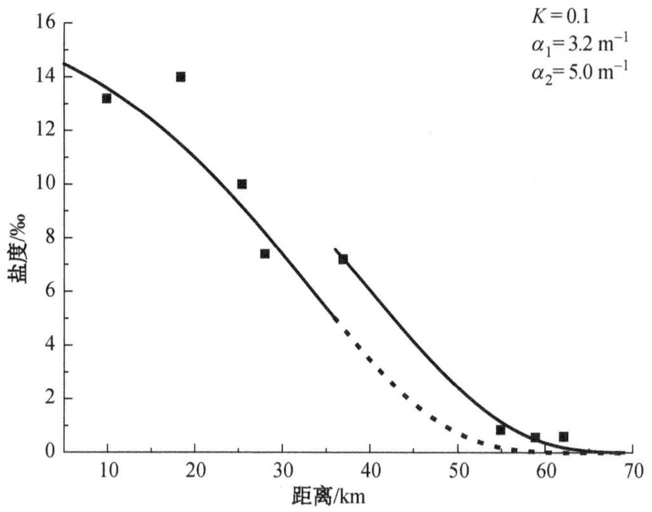

(c) 2 月 1 日

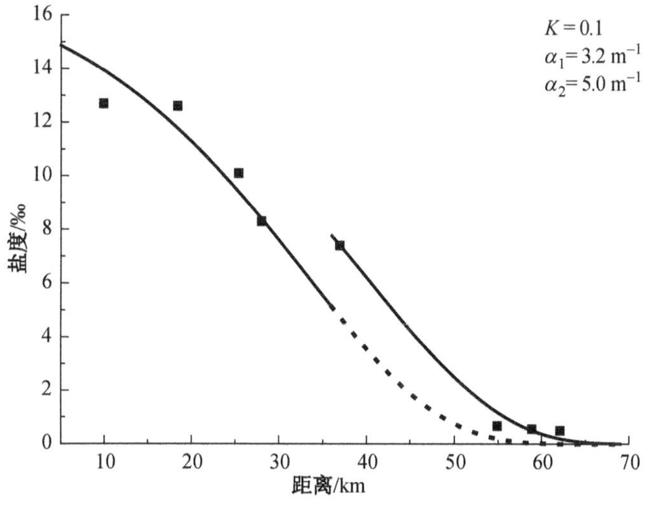

(d) 2 月 2 日

图 3.4　虎门小潮期盐水入侵多径流模型的计算结果

取水口或者汇流口都有可能造成模型的高估；高低地势受潮汐捕获动力机制的影响会引起模型的低估。因而，从变化趋势大部分预测数值来看，该盐水入侵解析模型较好地模拟预测了虎门小潮期盐度扩散过程。

通过试验证明，基于盐度混合系数确定多源河口有效径流流量的方法，即式(3.20)在虎门 2005 年枯季是有效的。当然，此后还需要收集更多不同年份的实测数据以进一步验证该方法在多源河口的适用性。定性比较图 3.3 和图 3.4 中实测值与模型计算值的相关性,可说明多源河口盐水入侵模型式(3.14)在虎门模拟结果良好,可用于虎门盐度扩散特征研究。

3.4 虎门盐水入侵长度的解析预测

河口盐水入侵严重威胁着河口生态环境的正常发展,盐水入侵长度已经成为一种评判环境的安全指标。因而,盐水入侵长度变化特征的研究不仅具有重要的理论科学意义,同时也能为相关管理部门防灾减灾的措施安排提供科学的依据。

多源河口盐水入侵长度解析预测模型,即式(3.15)描述了盐水上溯距离以及上溯过程随各个河段动力条件变化而变化的特征。用此解析模型计算大小潮期间虎门盐水入侵长度,比对大潮期间(1 月 23—26 日)以及小潮期间(1 月 30—31 日、2 月 1—2 日)共八组实测盐水入侵长度数据,结果如图 3.5 所示。横坐标表示实测盐水入侵长度,纵坐标表示计算盐水入侵长度,三角形代表使用盐水入侵解析模型即式(3.15)计算获得的虎门盐水入侵长度。散点位于图中 45°斜线之上表示预测高估,位于 45°斜线之下表示预测低估。结果表明,使用式(3.15)预测的虎门盐水入侵长度集中于距口门 60～62 km 的范围内,而实际盐水入侵长度为 70～80 km,远大于模型计算值。多源河口盐水入侵解析模型

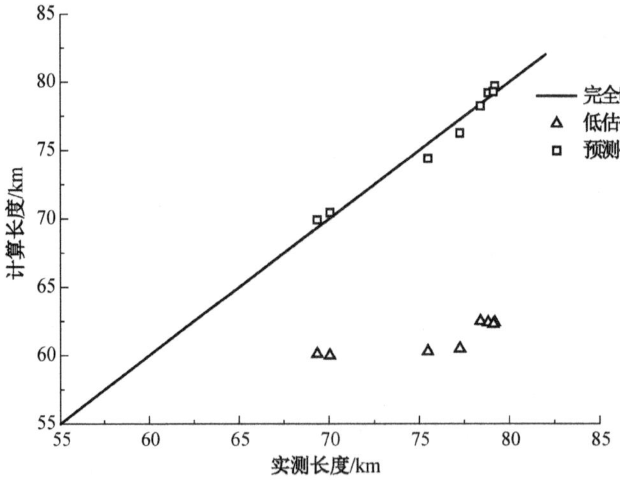

图 3.5 虎门盐水入侵长度预测值与实测值的比较

式(3.15)明显低估了虎门的盐水入侵强度。

浮标厂站点正位于距离口门 62 km 位置处，如图 3.5 所示，解析模型计算结果变化区间为 60～62 km，表明式(3.15)预测虎门盐水入侵不会上溯超过浮标厂。然而，盐水入侵的实际情况却比预测的结果更为糟糕，2005 年枯季虎门盐水入侵范围超过浮标厂，接近老鸦岗，两站点之间相距超过 10 km。多源河口盐水入侵模型在此处出现预测低估现象的原因在于虎门沿程多变化的径流动力。如上文所述，西、北江来流是控制上游水道盐水上溯的重要径流源，但是西、北江汇入虎门主要是通过上游的沙洛围、大石和下游的三沙口，而浮标厂正靠近沙洛围的上游(见图 3.1)，也就是说西、北江来流对浮标厂的以上区域不再起到抑制咸潮的作用。另一方面，浮标厂上游流溪河在 2005 年枯季流量基本为 0。在这种无径流情况下，前文提出的多源河口盐水入侵解析模型在浮标厂以上河段就不再适用了。这也解释了为什么多源河口盐水入侵模型在虎门的应用会出现如图 3.5 所示的低估现象。

石门水厂和西村水厂地处浮标厂上游(见图 3.1)，老鸦岗下游，为广州市供水。故而，浮标厂以上水道盐水入侵过程预测同样具有重要性，盐水入侵长度值得关注。研究采用了大潮 1 月 23—26 日和小潮 1 月 30—31 日、2 月 1—2 日的盐度数据。通过拟合回归的方法分析实测数据，发现浮标厂相对距离与相对盐度之间存在一个对数函数关系，拟合结果如图 3.6 所示。

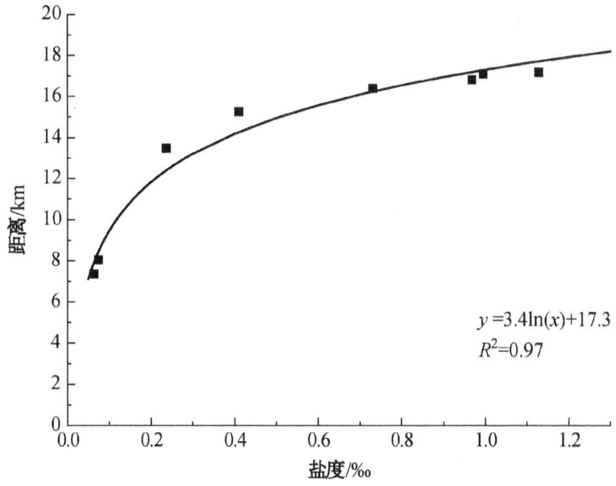

图 3.6　虎门上游盐度沿程的变化趋势

图 3.6 中，横坐标表示的是浮标厂站点实测盐度值超过标准值0.5‰的部分，纵坐标表示的是盐水超过浮标厂的净距离。拟合函数表达式为

$$\Delta L = 3.4\ln\Delta s + 17.3 \tag{3.21}$$

式中，ΔL 为盐水入侵超过浮标厂的净距离；Δs 为浮标厂实测超过标准值 0.5‰的相对盐度值。盐水入侵相对长度 ΔL 与浮标厂超标盐度值 Δs 呈对数增长关系，表明浮标厂盐度微小的超标就将导致虎门盐水入侵强度增加超过 10%。所以，监控浮标厂盐度变化对于控制虎门盐水入侵强度有着重要作用。

虎门动力变化复杂，依据虎门沿程各河段动力特性，虎门盐水入侵长度预测的解析模型需要针对三个不同河段分别使用。第一个转折点在距离口门 36 km 处，受西、北江以及东江的影响；第二个转折点在浮标厂，距离口门 62 km 处，浮标厂以上基本无径流作用。以上三个河段的盐水入侵解析模型分别表达为

$$x_L = a\ln\left\{\left[1-\left(\frac{0.5-s_f}{s_0-s_f}\right)^K\right]\frac{\alpha_0 A_0}{Ka}+1\right\} \qquad x_L < 36\ \text{km} \tag{3.22}$$

$$x_L = a\ln\left\{\left[1-\left(\frac{0.5-s_f}{s_0-s_f}\right)^K\right]\frac{\alpha_1 A_0}{Ka}+1\right\} \qquad 36\ \text{km} < x_L < 62\ \text{km} \tag{3.23}$$

$$x_L = 3.4\ln(\Delta s)+79.3 \qquad x_L > 62\ \text{km} \tag{3.24}$$

式中，x_L 为虎门盐水入侵长度。在研究时间区间(2005 年 1 月 23 日—2 月 2 日)，虎门盐水入侵长度超过浮标厂，此时需要用式(3.24)计算盐水入侵距离。计算结果如图 3.5 所示，图中矩形散点表示虎门盐水入侵解析模型计算结果，与实际情况吻合。

虎门动力地貌复杂，盐水入侵最大长度随年份与季节变化而发生变化，例如丰水年份入侵长度不会超过 36 km，干旱季节盐水不超过 60 km，旱年枯季虎门盐水会超过浮标厂逼近老鸦岗。因而，在选用适当的预测模型式，如式(3.22)、式(3.23)和式(3.24)计算虎门盐水入侵长度前，要先根据实际判断虎门大致影响范围。

3.5 本章小结

本章基于盐度对流扩散方程建立了稳态多源河口盐水入侵解析模型，分析

在径流沿程变化情况下河口盐水入侵的分布特征。发现多源河口盐水入侵过程存在明显的盐度扩散分段变化特征，但河口固有自然属性沿程依旧保持整体一致性。此外，基于多源河口盐度扩散与河口径流的相对关系，本章提出了通过盐度混合系数确定多源河口有效径流源的解析分析方法。最后，通过分析虎门沿程动力特性，提出了适用于虎门变化动力情况的有条件盐水入侵长度预测模型，在虎门模拟表现良好。

枯季虎门主要有两个径流源，东江和西、北江来流。通过 2005 年枯季虎门水道盐度混合系数确定从西、北江汇入虎门的有效径流量占西、北江总流量的 18.9%。虎门由于沿程径流的变化，盐度扩散过程共经历三个阶段的变化。口门至大盛附近为下游水道，受东江和西、北江径流控制，盐度衰减较快；大盛至浮标厂河段仅受西、北江来流影响，盐度衰减减缓；浮标厂以上河段在枯季基本无径流作用，盐度衰减极缓慢，实测浮标厂盐度微小的超标（标准为 0.5‰）就将导致虎门盐水入侵强度增加超过 10%。浮标厂以下水道可通过多源河口盐水入侵解析模型预测盐水入侵长度，浮标厂以上水道盐水入侵长度可根据经验公式估算。

第四章
潮汐河口盐水入侵时空特征

解析模型不仅操作应用简单方便，更重要的是它保留了所有涉及的动力、地貌因子的物理特性，通过它可以直观地分析盐水入侵动力现象的本质物理过程。前两章的研究内容主要围绕涨憩时刻河口盐度空间扩散分布特征展开。通过前文的研究结果可以认为，盐度对流扩散理论解析模型是一种深入剖析盐水入侵物理过程的有效手段，且在研究珠江口盐度空间分布特征方面有较为出色的表现。但目前的理论解析都是基于忽略时间效应的对流扩散方程，以避免原始方程中时间项带来的非线性求解困难。这种做法虽然可以解释特定时间(如涨急、涨憩时刻等)盐度扩散的物理特性，但在解释不同周期潮波运动过程中的盐水入侵机制问题存在着明显局限。因而，针对这个不足，本章恢复了方程中的时间项，提出考虑时空二维属性的非稳态解析模型，以更真实地描绘反映河口盐水入侵的时空过程，进一步完善盐水入侵动力过程的解析理论。

4.1 河口盐水入侵非稳态解析解

盐水入侵的解析方法研究最早始于 20 世纪 60 年代，主体工作着力于棱形河口盐度分布特征的探究。然而大多数真正的河口水道都呈现不同程度的自然收敛。河口形态对盐水入侵过程有着至关重要的影响，两个主要驱动力(即径流和潮汐)对河口地形变化皆有敏感的动力响应。因此，在近 20 年的研究中，一种描述冲积河口自然地形演变的指数收敛型解析模型被广泛认可和应用。

本章以自然界冲积河口形态为准，将河口断面面积收敛设定为沿程指数衰减：

$$A = A_0 \exp\left(-\frac{x}{a}\right) \tag{4.1}$$

式中，A_0为口门处的横断面断面面积（$x=0$）；x 为从口门起始的沿程距离；a 为断面面积的收敛长度系数，可以通过断面面积数据反演拟合确定。x 坐标的原点位于河口口门位置，向上游方向为正。实际断面面积也在随时间变化，假设口门断面宽度为 B_0，潮汐振幅为 η，水深为 $\overline{h}_0$，则口门面积可表示为 $A_0 = B_0[\overline{h}_0 + \eta\sin(\omega t + \varphi + \varepsilon)]$，其中 ε 为水位和流速过程的相位差。一般情况下，河口口门的水深较大，当振幅相对水深较小时（$\eta/h < 0.1$），取河口口门的潮周期横断面平均面积近似作口门的断面面积 A_0处理。

盐度一维对流扩散方程可以表示为下式的形式：

$$\frac{\partial As}{\partial t} + \frac{\partial Aus}{\partial x} = \frac{\partial}{\partial x}\left(AD\,\frac{\partial s}{\partial x}\right) \tag{4.2}$$

式中，s 为河口断面平均盐度；t 为时间；u 为断面平均流速；D 为盐度纵向扩散系数。在已有的研究成果中，纵向扩散系数常被假定为沿程不变的常数或者与河口长度以某种函数关系沿程递减。如前文所述，变常扩散解析模型和定常扩散解析模型在河口盐水入侵研究中已皆有较为成功的应用，本章研究综合模拟精度和模拟效率等因素考虑，在非稳态模型设定中，盐度纵向扩散系数设定为与时间无关的常数项。

对盐度参数进行一阶傅立叶级数展开，可表示为

$$s = \overline{s} + s_1\cos(\omega t + \varphi) + s_2\sin(\omega t + \varphi) \tag{4.3}$$

式中，$\overline{s}$ 为潮汐周期平均盐度值；s_1和 s_2分别为不同的系数。假定潮波是一个随时间变化的余弦波 $u_t = \upsilon\cos(\omega t + \varphi)$，而上游径流流速被假定表示为 $u_f = Q_f/A$，则河口断面流速可以表达为

$$u = u_f + \upsilon\cos(\omega t + \varphi) \tag{4.4}$$

式中，径流流速为负值，潮流流速为正值。将式(4.3)及式(4.4)代入式(4.2)，令 $\theta = \omega t + \varphi$，可得

$$\left(u_{\mathrm{f}}\frac{\partial s_2}{\partial x}-\omega s_1\right)\sin\theta+\left(\omega s_2+u_{\mathrm{f}}\frac{\partial s_1}{\partial x}+\upsilon\frac{\partial\bar{s}}{\partial x}\right)\cos\theta+u_{\mathrm{f}}\frac{\partial\bar{s}}{\partial x}+\frac{\upsilon}{2}\frac{\partial s_1}{\partial x}$$
$$=\left(D\frac{\partial^2 s_2}{\partial x^2}-\frac{D}{a}\frac{\partial s_2}{\partial x}\right)\sin\theta+\left(D\frac{\partial^2 s_1}{\partial x^2}-\frac{D}{a}\frac{\partial s_1}{\partial x}\right)\cos\theta+D\frac{\partial^2\bar{s}}{\partial x^2}-\frac{D}{a}\frac{\partial\bar{s}}{\partial x} \tag{4.5}$$

等式两边对应项相等,故而式(4.5)可以进一步分解,化为一个方程组:

$$\begin{cases}-\omega s_1+u_{\mathrm{f}}\dfrac{\partial s_2}{\partial x}=D\dfrac{\partial^2 s_2}{\partial x^2}-\dfrac{D}{a}\dfrac{\partial s_2}{\partial x}\\ \omega s_2+u_{\mathrm{f}}\dfrac{\partial s_1}{\partial x}+\upsilon\dfrac{\partial\bar{s}}{\partial x}=D\dfrac{\partial^2 s_1}{\partial x^2}-\dfrac{D}{a}\dfrac{\partial s_1}{\partial x}\\ u_{\mathrm{f}}\dfrac{\partial\bar{s}}{\partial x}+\dfrac{\upsilon}{2}\dfrac{\partial s_1}{\partial x}=D\dfrac{\partial^2\bar{s}}{\partial x^2}-\dfrac{D}{a}\dfrac{\partial\bar{s}}{\partial x}\end{cases} \tag{4.6}$$

假设 s,s_1,s_2可分别表示为

$$\bar{s}=c_0\exp\left\{m\left[\exp\left(\frac{x}{a}\right)-1\right]\right\}$$
$$s_1=c_1\exp\left\{m\left[\exp\left(\frac{x}{a}\right)-1\right]\right\}$$
$$s_2=c_2\exp\left\{m\left[\exp\left(\frac{x}{a}\right)-1\right]\right\} \tag{4.7}$$

式中,$c_0=\bar{s}_0$,表示河口口门潮平均盐度值。假设 c_1和 c_2关于 x 的变化很小,可忽略,则式(4.7)一阶求导为

$$\frac{\partial\bar{s}}{\partial x}=\frac{m}{a}\exp\left(\frac{x}{a}\right)\bar{s};\frac{\partial s_1}{\partial x}=\frac{m}{a}\exp\left(\frac{x}{a}\right)s_1;\frac{\partial s_2}{\partial x}=\frac{m}{a}\exp\left(\frac{x}{a}\right)s_2$$

式(4.7)二阶求导为

$$\frac{\partial^2\bar{s}}{\partial x^2}=\frac{m}{a}\exp\left(\frac{x}{a}\right)\left[\frac{1}{a}+\frac{m}{a}\exp\left(\frac{x}{a}\right)\right]\bar{s}$$
$$\frac{\partial^2 s_1}{\partial x^2}=\frac{m}{a}\exp\left(\frac{x}{a}\right)\left[\frac{1}{a}+\frac{m}{a}\exp\left(\frac{x}{a}\right)\right]s_1$$
$$\frac{\partial^2 s_2}{\partial x^2}=\frac{m}{a}\exp\left(\frac{x}{a}\right)\left[\frac{1}{a}+\frac{m}{a}\exp\left(\frac{x}{a}\right)\right]s_2$$

故将式(4.7)代入式(4.6),可得

$$\begin{cases}-\omega s_1+\left(u_{\mathrm{f}}+\dfrac{D}{a}\right)\dfrac{m}{a}\exp\left(\dfrac{x}{a}\right)s_2=D\dfrac{m}{a}\exp\left(\dfrac{x}{a}\right)\left[\dfrac{1}{a}+\dfrac{m}{a}\exp\left(\dfrac{x}{a}\right)\right]s_2\\ \omega s_2+\upsilon\dfrac{m}{a}\exp\left(\dfrac{x}{a}\right)\bar{s}+\left(u_{\mathrm{f}}+\dfrac{D}{a}\right)\dfrac{m}{a}\exp\left(\dfrac{x}{a}\right)s_1\\ \quad=D\dfrac{m}{a}\exp\left(\dfrac{x}{a}\right)\left[\dfrac{1}{a}+\dfrac{m}{a}\exp\left(\dfrac{x}{a}\right)\right]s_1\\ \left(u_{\mathrm{f}}+\dfrac{D}{a}\right)\dfrac{m}{a}\exp\left(\dfrac{x}{a}\right)\bar{s}+\dfrac{\upsilon}{2}\dfrac{m}{a}\exp\left(\dfrac{x}{a}\right)s_1\\ \quad=D\dfrac{m}{a}\exp\left(\dfrac{x}{a}\right)\left[\dfrac{1}{a}+\dfrac{m}{a}\exp\left(\dfrac{x}{a}\right)\right]\bar{s}\end{cases} \tag{4.8}$$

式(4.8)进一步化简为

$$\begin{cases}-\omega c_1+\left[u_{\mathrm{f}}-\dfrac{Dm}{a}\exp\left(\dfrac{x}{a}\right)\right]\dfrac{m}{a}\exp\left(\dfrac{x}{a}\right)c_2=0\\ \omega c_2+\upsilon\dfrac{m}{a}\exp\left(\dfrac{x}{a}\right)c_0+\left[u_{\mathrm{f}}-\dfrac{Dm}{a}\exp\left(\dfrac{x}{a}\right)\right]\dfrac{m}{a}\exp\left(\dfrac{x}{a}\right)c_1=0\\ \left[u_{\mathrm{f}}-\dfrac{Dm}{a}\exp\left(\dfrac{x}{a}\right)\right]\dfrac{m}{a}\exp\left(\dfrac{x}{a}\right)c_0+\dfrac{\upsilon}{2}\dfrac{m}{a}\exp\left(\dfrac{x}{a}\right)c_1=0\end{cases} \tag{4.9}$$

解方程组,可得

$$\begin{cases}c_1=\dfrac{\left[u_{\mathrm{f}}-\dfrac{Dm}{a}\exp\left(\dfrac{x}{a}\right)\right]\dfrac{m}{a}\exp\left(\dfrac{x}{a}\right)}{\omega}c_2\\ c_2=\dfrac{-\upsilon\dfrac{m}{a}\exp\left(\dfrac{x}{a}\right)\omega}{\omega^2+\left[u_{\mathrm{f}}-\dfrac{Dm}{a}\exp\left(\dfrac{x}{a}\right)\right]^2\dfrac{m^2}{a^2}\exp\left(\dfrac{2x}{a}\right)}c_0\\ m=\dfrac{u_{\mathrm{f}}a\exp\left(-\dfrac{x}{a}\right)}{D}=\dfrac{Q_{\mathrm{f}}a}{DA_0}\end{cases} \tag{4.10}$$

因而,盐度非稳态解析解的表达式为

$$s=\bar{s}_0\exp\left\{\frac{Q_{\mathrm{f}}a}{DA_0}\left[\exp\left(\frac{x}{a}\right)-1\right]\right\}\left[1-\frac{\upsilon u_{\mathrm{f}}}{\omega D}\sin\left(\omega t+\varphi\right)\right] \tag{4.11}$$

对该非稳态解，式(4.11)在潮周期内积分可得潮平均状态下盐度扩散表达式

$$\bar{s} = \bar{s}_0 \exp\left\{\frac{Q_f a}{DA_0}\left[\exp\left(\frac{x}{a}\right) - 1\right]\right\} \tag{4.12}$$

该(潮平均)状态下解析式与 Brockway 稳态解析模式一致。

已有研究发现，盐度对数函数 $\ln(s/s_0)$ 与距离指数函数 $\exp(x/a)$ 之间存在一定的线性相关性，其斜率正表征盐度纵向扩散系数，故而扩散系数 D 可根据两参数反演拟合：

$$D = \frac{Q_f a}{kA_0} \tag{4.13}$$

式中，k 为拟合的直线斜率。依照此法收集指定区域的实测盐度值即可快速推求计算该区域的盐度扩散系数值。

潮流流速用潮程 E 表示为 $\upsilon = E\pi/T$，已知 $\omega = 2\pi/T$ 及 $u_f = Q_f/A$，则式(4.11)可以改写为

$$s = \bar{s}_0 \exp\left\{\frac{Q_f a}{DA_0}\left[\exp\left(\frac{x}{a}\right) - 1\right]\right\}\left\{1 + \frac{E}{2a}\left[-\frac{Q_f a}{DA_0}\exp\left(\frac{x}{a}\right)\right]\sin(\omega t + \varphi)\right\} \tag{4.14}$$

该式可用于描述盐度的时间及空间变化特征。当潮流量为零时，河口出现涨憩(High Water Slack /HWS)或者落憩(Low Water Slack/LWS)。通常情况下，理论涨憩时刻盐度值达到最大，而落憩时刻盐度值达到最小，因而在涨憩时刻盐度的时空分布表达式(4.14)可表示为：

$$s_{\max} = \bar{s}_0 \exp\left\{\frac{Q_f a}{DA_0}\left[\exp\left(\frac{x}{a}\right) - 1\right]\right\}\left\{1 + \frac{E}{2a}\left[-\frac{Q_f a}{DA_0}\exp\left(\frac{x}{a}\right)\right]\right\} \tag{4.15}$$

落憩时刻表示为：

$$s_{\min} = \bar{s}_0 \exp\left\{\frac{Q_f a}{DA_0}\left[\exp\left(\frac{x}{a}\right) - 1\right]\right\}\left\{1 - \frac{E}{2a}\left[-\frac{Q_f a}{DA_0}\exp\left(\frac{x}{a}\right)\right]\right\} \tag{4.16}$$

潮程指的是水质点在一个涨落潮周期内在水平方向上运动的净距离，在本文中假设该物理量与距离呈指数变化关系，即

$$E = E_0 \exp(-x/e) \tag{4.17}$$

式中，E_0 为口门处（$x=0$）的潮程；e 为潮程衰减系数，可通过实测盐度率定。根据式（4.15）、式（4.16）和式（4.17），可以获得潮程的另一种表达形式：

$$E=\frac{a(s_{\max 0}-s_{\min 0})}{\bar{s}_0\left(-\dfrac{Q_f a}{DA_0}\right)}\exp(-x/e) \tag{4.18}$$

式中，$s_{\max 0}$ 和 $s_{\min 0}$ 分别为口门处最大盐度值和最小盐度值。

综上所述，本章提出了盐度时空分布特征解析式——式（4.14），可用于描述河口盐度时空变化过程。通过实测水文数据率定该解析模式中的相关待定参数，包括扩散系数 D 以及潮程 E，即可快速建立任意河口的盐水入侵非稳态解析模型。

4.2　虎门盐水入侵的时空变化特征

4.2.1　研究区域与测验数据

本章以珠江口虎门为例，首次采用非稳态解析模型分析潮汐河口时空二维变化特征。珠江口位于中国南海的北部边界处，上游西江、北江和东江三大支流在河网中汇流后，径流呈 8 条放射状排列的分流水道从 8 个口门流入南海。虎门紧邻伶仃洋，每年来自虎门的约 600×10^8 m^3 的径流量汇入伶仃洋，其上游主要淡水来源为东江、北江和流溪河。珠江口虎门是一个不规则半日潮河口，每天有两个不等的高潮和低潮出现，如图 4.1 所示，大潮期间潮动力显现出极度的

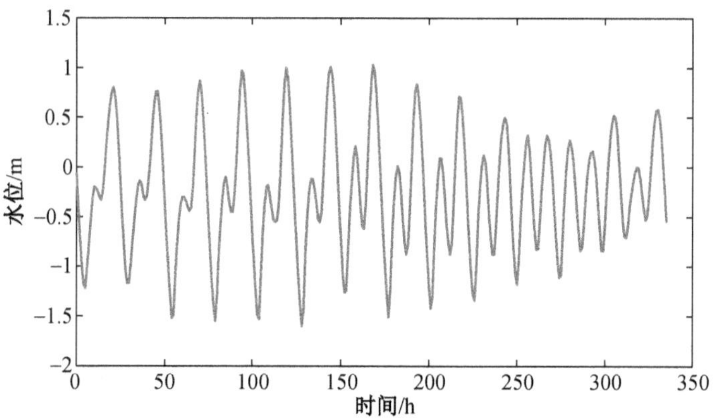

图 4.1　虎门口门水位变化过程（数据为 1 月 21 日—2 月 3 日实测值）

不对称性。在珠江口 8 口门之中，虎门的潮汐动力最为显著，口门潮差年均值为 1.70 m，潮差最大值达 3.66 m。

作为珠江口最主要的支流之一，虎门通道全长 128 km，分为两个水道，分别为平均河宽 431 m 的广州水道(上游)以及宽约 2 200 m 的狮子洋(下游)。虎门口门宽约 4 km，加之狭长的"颈部"，河口形状类似一个倒置的漏斗。由于口门较宽，虎门的纳潮量在珠江口居首，尤其在枯季大潮期，当上游淡水流量减少，下游基本为咸潮控制。

本章研究采用的数据来自 2005 年枯季盐度水文测量实验，测量时间为 2005 年 1 月 18 日至 2005 年 2 月 5 日，包含了整个半月潮周期，具体测量信息包括盐度、流量和潮流数据。研究采用的测量站点分布如图 4.2 所示，共 9 个站点，分别为大虎、泗盛围、漳澎、麻涌、大盛、黄埔右、大石、沙洛围和浮标厂。虎门咸淡水在枯季时混合良好，采用 2 点法分别在水深 1/5 和 4/5 处汲取水样，计算平均盐度值。

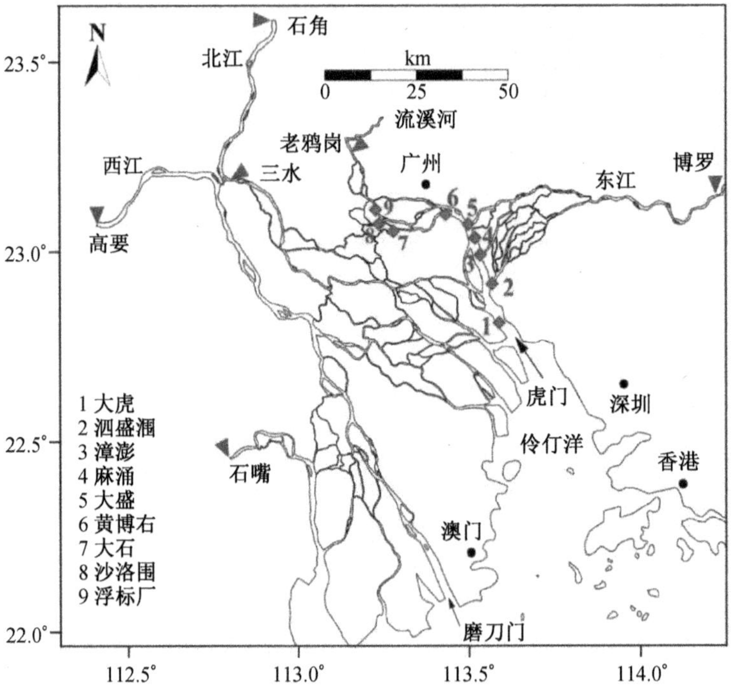

图 4.2　虎门测量站点分布示意图

珠江三角洲河网密布，故而通常情况下上游径流流量难以确定。虎门上游径流主要来自东江、西北江和流溪河，这三部分来流构成了虎门区域的径流动力源。本章研究所用的径流数据是从水文局的官方数据库收集，分别取博罗站作为东江代表站点，老鸦岗作为流溪河代表站点，三水站作为北江代表站点，数据从 2005 年 1 月 21 日开始记录至 2005 年 2 月 3 日。老鸦岗和博罗站点距离虎门的口门约为 80 km，两站点的实测流量均通过虎门完全注入中国南海。在整个测量期间，博罗站点的流量在 260～400 $m^3 \cdot s^{-1}$区间变化，而老鸦岗流量仅约为 20 $m^3 \cdot s^{-1}$。北江来流是虎门上游径流流量的主要来源，它通过连接虎门与珠江三角洲西部水域的复杂河网汇入虎门水道。三水站是北江的主要水文站，研究发现有约 11％的三水站实测流量通过河网汇入虎门。三水站所在地理位置距离虎门较老鸦岗和博罗站更远，因而在研究计算时，虎门盐度对三水站来流的响应时间设为 2 天，对博罗和老鸦岗来流的响应时间设为 1 天。

4.2.2　虎门盐水入侵非稳态解析模型

虎门断面面积沿程收敛形态可用式(4.1)的指数表达式描述，实测值与拟合函数的相关性如图 4.3 所示，图中三角表示实测断面面积，曲线表示拟合的指数衰减过程。潮平均状态下虎门口门断面面积 A_0 为 37 822 m^2，通过函数拟合确定虎门断面面积收敛长度系数 a 为 16.7 km，拟合优度 R^2 为 0.92。

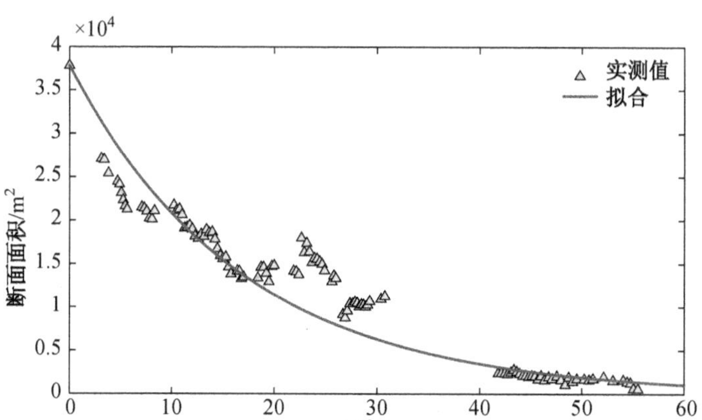

图 4.3　虎门水道断面面积沿程收敛过程

因盐度对数函数与距离指数函数间存在的线性关系，故基于式(4.12)可通过拟合反演的手段确定盐度的区域扩散系数。图4.4所示的两张图分别选取了大潮和小潮期间任意两天的线性拟合结果作为示意。

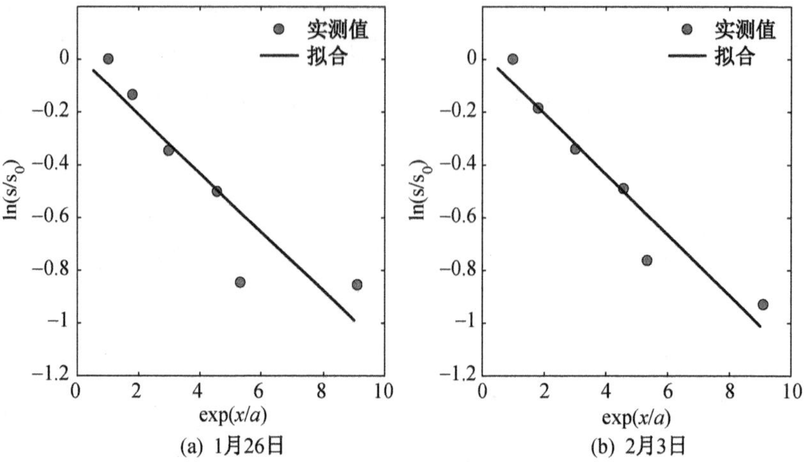

图4.4　虎门区域 $\ln(s/s_0)$ 与 $\exp(x/a)$ 线性拟合结果示意

图4.4(a)拟合数据采用的是大潮期1月26日的实测盐度值，图4.4(b)拟合数据采用的是小潮期2月3日的实测盐度值。图中，s_0 为口门盐度值；s 为沿程盐度值；x 为距口门的距离；a 为断面面积收敛长度系数。

根据式(4.12)，扩散系数可以通过拟合直线的斜率推求获得，式中 k 即为拟合的斜率。这种计算方式已被证明为一种有效且高效的扩散系数确定手段。整个测量实验选取1月21日—2月3日的盐度数据并经过分析拟合，扩散系数的计算结果被分列在表4.1中，斜率如第4列所示，扩散系数如第6列所示。拟合优度 R^2 最高为0.92，最低为0.83，平均值0.87，可认为拟合效果良好。同时进一步说明扩散系数的常量假设在本次研究中是可信和可接受的。

如表4.1所示，扩散系数随径流量和潮差的增加而增加。本研究采用多元回归，建立了虎门扩散系数对径流量以及潮差变化的响应函数关系。获得虎门区域盐度扩散的经验公式：

$$D = 3.5Q_f + 118.7H \tag{4.19}$$

式中，D 为扩散系数，$m^2 \cdot s^{-1}$；Q_f 为径流量，$m^3 \cdot s^{-1}$；H 为潮差值，m。该扩散

系数经验公式的拟合优度为 0.91，表征着良好的经验适用性。

一般情况下，潮程可通过对潮流在涨憩与落憩时间段内积分近似计算。潮波在大小潮周期内发生着变化，因而其潮程也是随之日日改变。考虑到直接测量潮汐运动的困难和复杂，本文提出一种基于盐度扩散解析模型预估河口潮程的计算方法。式(4.18)中，口门潮程的表达式 $E_0 = a(s_{\max 0} - s_{\min 0})/\bar{s}_0\left(-\frac{Q_f a}{DA_0}\right)$。式中，口门日最大盐度值 $s_{\max 0}$、日最小盐度值 $s_{\min 0}$ 和日均盐度值 $\bar{s}_0$ 可通过数据统计分析手段获得，盐度纵向扩散系数 D 则通过线性拟合方式确定。

表 4.1　虎门盐水入侵相关参数

日期	径流量/($m^3 \cdot s^{-1}$)	潮差/m	斜率	R^2	扩散系数/($m^2 \cdot s^{-1}$)
2005-01-21	383	1.73	−0.107	0.84	1 579
2005-01-22	446	1.97	−0.113	0.83	1 744
2005-01-23	498	2.28	−0.111	0.88	1 982
2005-01-24	525	2.42	−0.092	0.88	2 520
2005-01-25	537	2.5	−0.090	0.88	2 635
2005-01-26	580	2.53	−0.111	0.84	2 309
2005-01-27	486	2.27	−0.104	0.85	2 063
2005-01-28	584	2.51	−0.102	0.83	2 528
2005-01-29	667	2.26	−0.115	0.85	2 562
2005-01-30	626	2.05	−0.099	0.90	2 792
2005-01-31	663	1.68	−0.104	0.88	2 815
2005-02-01	705	1.43	−0.125	0.88	2 492
2005-02-02	655	1.38	−0.108	0.92	2 678
2005-02-03	705	1.36	−0.115	0.92	2 708
平均值				0.87	2 386

由于在本研究中假定潮汐为一个余弦形式的简谐波，因而非稳态盐度扩散

模型在此处是一个简单的单频形式。假定潮波传播速度沿程不发生变化，则沿程各点的潮相位可以通过口门初始相位值 φ_0 以及潮波传播速度 c 表示，式(4.14)进一步修正为

$$s=\bar{s}_0\exp\left\{\frac{Q_f a}{DA_0}\left[\exp\left(\frac{x}{a}\right)-1\right]\right\}\left\{1+\left(-\frac{E_0}{2a}\frac{Q_f a}{DA_0}\right)\right.$$
$$\left.\exp\left(\frac{x}{a}-\frac{x}{e}\right)\sin\left[\omega\left(t-\frac{x}{c}\right)+\varphi_0\right]\right\} \tag{4.20}$$

式中，初始相位值可以通过口门盐度数据反演确定，而潮波速度实测率定值比经验公式计算值更可靠。

4.2.3 虎门盐度扩散空间分布特征

珠江口虎门时空分布特征具体可分为盐度空间分布过程与盐度周期变化特征，本节分别对这两个部分进行探讨。第一部分，研究选取两个特征时刻即涨憩和落憩，分别模拟比较盐度在虎门内的沿程分布特征；第二部分，研究选取大潮期 1 月 26 日和小潮期 2 月 3 日，分别模拟比较虎门沿程盐度在潮周期内随时间变化过程。研究选取从 1 月 21 日开始到 2 月 3 日结束的实地测量数据，涵盖了整个半月潮周期(见图 4.5)，式(4.15)、式(4.16)和式(4.18)可用于计算河口盐度的纵向变化。将 1 月 24—26 日 3 天代表大潮期，1 月 31 日—2 月 2 日 3 天代表小潮期，其余时间段为中潮过渡期。图 4.5 中实线和虚线曲线分别代表涨、落憩盐度计算值，圆点表示实测最大盐度值，倒三角表示实测最小值。

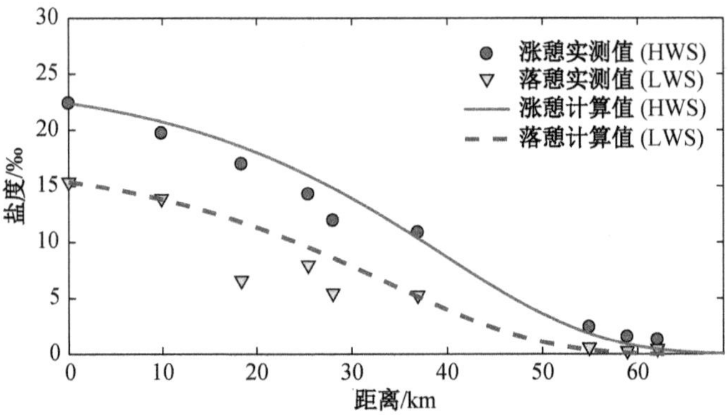

(a) 1 月 21 日数据

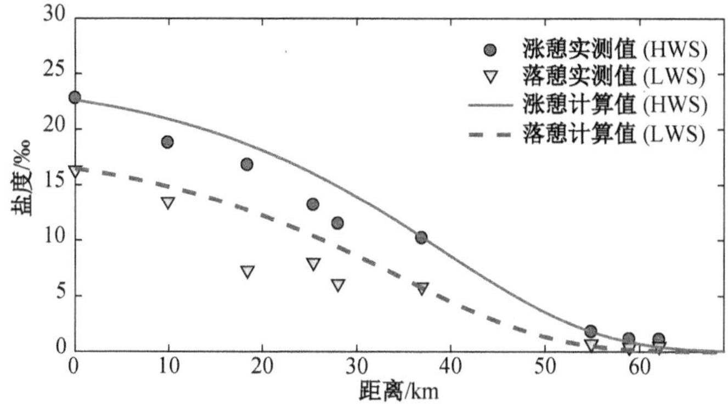

(b) 1 月 22 日数据

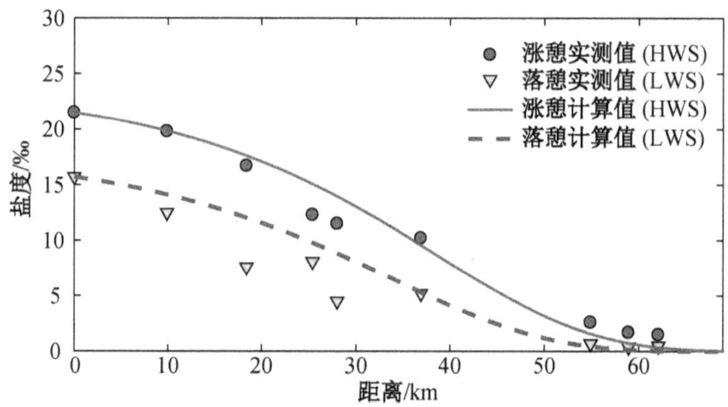

(c) 1 月 23 日数据

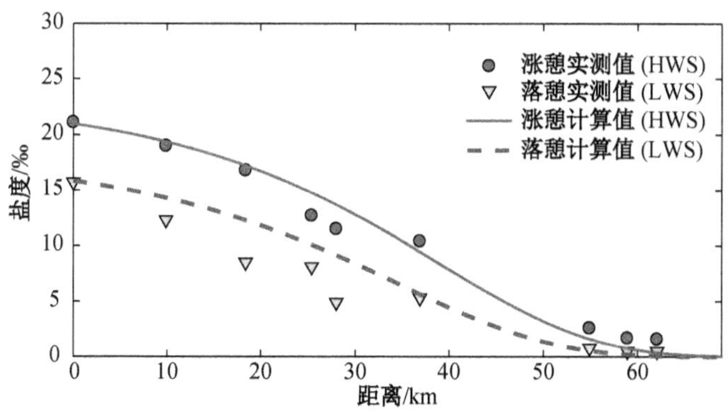

(d) 1 月 24 日数据

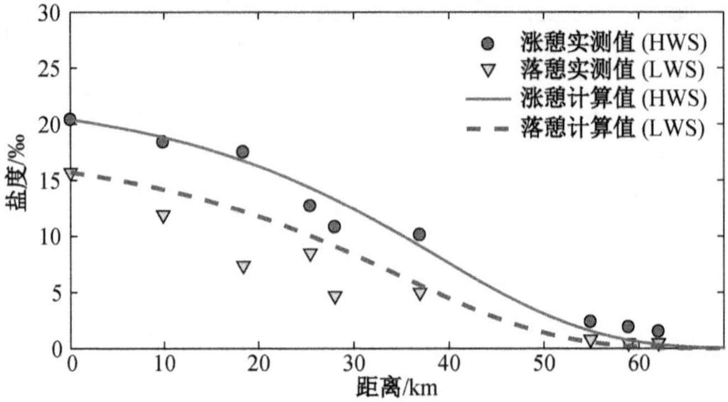

(e) 1 月 25 日数据

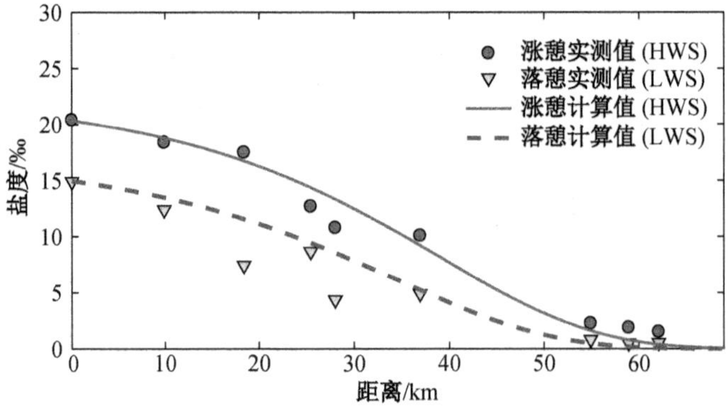

(f) 1 月 26 日数据

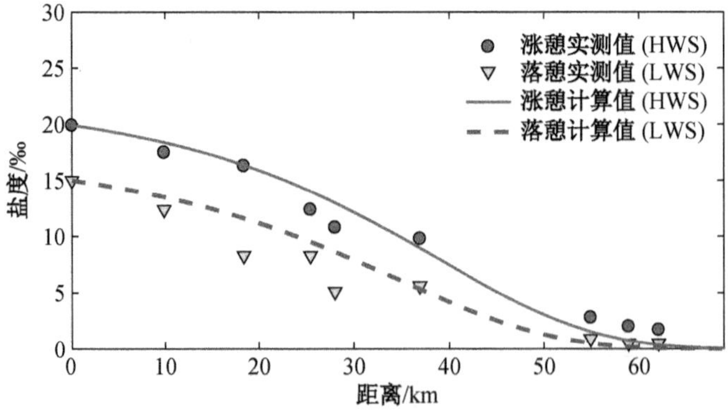

(g) 1 月 27 日数据

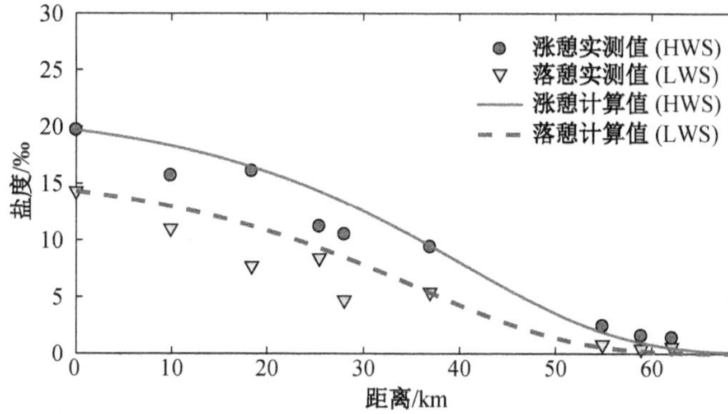

(h) 1 月 28 日数据

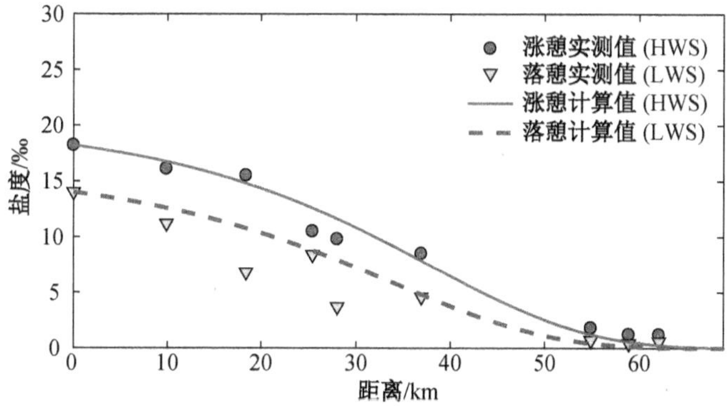

(i) 1 月 29 日数据

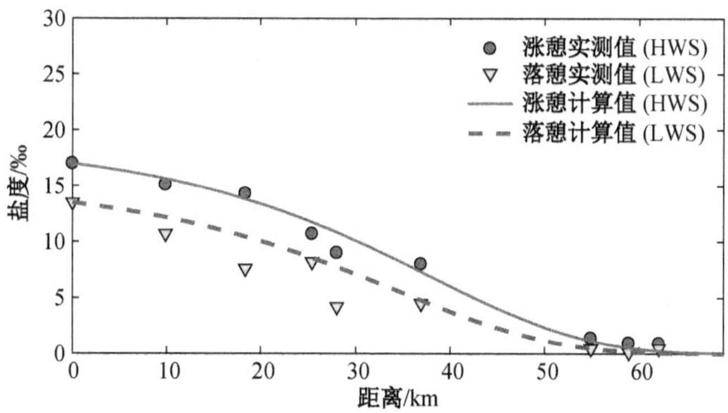

(j) 1 月 30 日数据

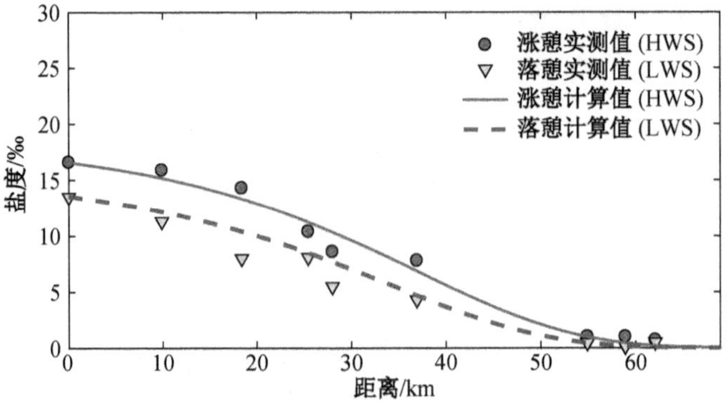

(k) 1 月 31 日数据

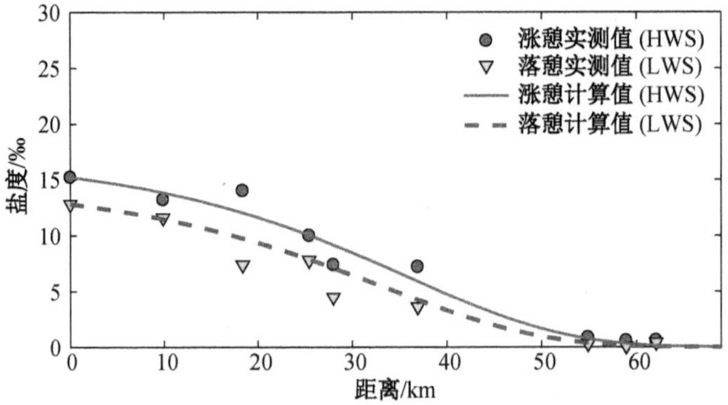

(l) 2 月 1 日数据

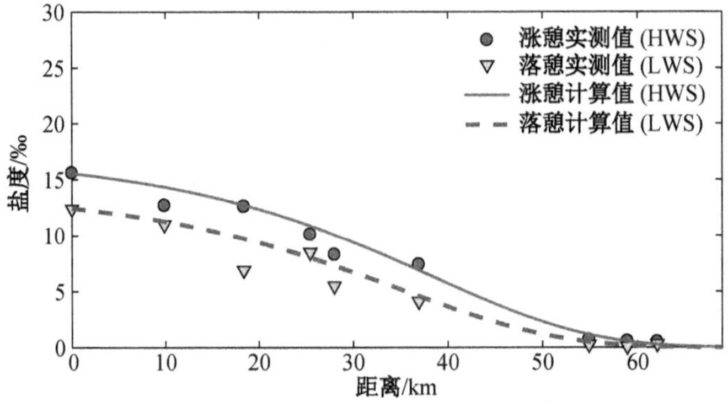

(m) 2 月 2 日数据

图 4.5 半月潮周期(大潮—中潮—小潮)虎门盐度扩散分布

盐度模拟值与实测值之间较为良好的一致性表明，非稳态盐度扩散解析模型能够较好地描述虎门盐水入侵纵向分布，模型模拟效果一定程度上是令人满意的。需要注意的是，本章研究重点更集中于确定非稳态解析模型模拟结果的整体优劣性。所以，为更方便比较分析非稳态解析模型计算在时间、空间上的差异表现，本章将虎门的多源分段特性放于后文中单独讨论。

通过比较大小潮期动力演变进程中盐度空间扩散过程变化特征，不难发现盐水入侵受潮动力弱化的影响，由大潮至小潮逐渐减弱。此外，研究还发现，该解析模型模拟结果在高水位时期表现得比低水位时期好。这个差异现象很可能跟河口咸淡水的混合程度有关。早期研究证明，低水位时期的弱潮动力很可能造成平动盐水楔，而高水位时期的强潮动力与相对较弱的径流动力相互作用会形成更均匀的咸淡水混合效果。本研究提出的解析模型是在河口咸淡水完全混合的假设之下提出的，故而河口混合程度越高（高水位时），无疑模拟效果表现更佳。另一值得注意的是，实测值在理论曲线周围呈现一定波动排列，这种波动现象很可能由以下几点因素造成：第一，实际断面盐度分布较不均匀，由原解析模型假设盐度均匀分布造成的误差；第二，盐度测量中常以流速极值判断取样时刻，而实际出现盐度极值与流速极值间存在不定的时间差，故而造成盐度测量出现较大误差。

从图 4.5 中还可以看出，下游测点存在着较为明显的模型高估现象，这是由于下游东江支流汊道口较多，本研究测点多处于支流与虎门水道汇流之处，故易出现高估现象。从盐度扩散解析表达式可知，即式(4.11)，非稳态解析模型盐度由两部分组成，包括潮平均盐度值及周期潮动力作用和径潮相互作用引起的周期变化盐度值 $(-vu_f/\omega D)\sin(\omega t+\varphi)$ 。解析模型中盐度随时间呈正弦规律变化，因而涨憩时刻盐度值与落憩时刻盐度值关于平均盐度值对称分布。

当相关流速变量用潮程替换之后，盐度扩散解析模型表达式变为式(4.14)，时间作用项变为 $E/2a\cdot[-Q_f a/DA_0\cdot\exp(x/a)]\cdot\sin(\omega t+\varphi)$，模型中扩散系数起到直接的决定性作用。在实际分析过程中，会将扩散系数和上游径流系数视作一个综合因子，称作混合系数 α：

$$\alpha=-\frac{D}{Q_f}$$

模型使用混合系数进一步简化模型计算，使径潮相互作用对模型的影响更加清晰明了。混合系数的确定方式与扩散系数一致，基于实测盐度变化的函数拟合确定。

考虑到虎门存在明显的动力分段，以黄埔右为转折站点，假定混合系数在相同动力河道内保持一致，可以发现混合系数在虎门上下游存在明显的差异。如表 4.2 所示，下游狮子洋仅使用虎门至黄埔右河道数据计算混合系数，平均值 2.6 m^{-1}，拟合优度 0.96；而上游广州水道混合系数平均值 5.1 m^{-1}，拟合优度 0.96。混合系数的进一步精化模拟可有效改善下游出现高估现象的偏差。

表 4.2 虎门分段混合系数

日期	第一河段			第二河段		
	斜率 k	α/m^{-1}	R^2	斜率 k	α/m^{-1}	R^2
2005-01-21	−0.168	2.63	0.94	−0.079	5.59	0.97
2005-01-22	−0.185	2.39	0.98	−0.083	5.32	0.97
2005-01-23	−0.173	2.55	0.99	−0.086	5.13	0.96
2005-01-24	−0.175	2.52	0.99	−0.083	5.32	0.97
2005-01-25	−0.175	2.52	0.96	−0.081	5.45	0.97
2005-01-26	−0.177	2.49	0.95	−0.082	5.38	0.97
2005-01-27	−0.167	2.64	0.97	−0.082	5.38	0.97
2005-01-28	−0.164	2.69	0.96	−0.079	5.59	0.97
2005-01-29	−0.180	2.45	0.96	−0.082	5.38	0.96
2005-01-30	−0.170	2.60	0.93	−0.088	5.02	0.95
2005-01-31	−0.164	2.69	0.97	−0.092	4.80	0.95
2005-02-01	−0.175	2.52	0.91	−0.099	4.46	0.93
2005-02-02	−0.140	3.15	0.92	−0.103	4.29	0.94
2005-02-03	−0.157	2.81	0.96	−0.102	4.33	0.97
平均值	—	2.60	0.96	—	5.10	0.96

混合系数的设定对非稳态解析模式有重要作用，决定着解析模型模拟预测

河口盐度的效果。虎门中两个动力差别较明显的水道选用相同的混合系数，直接造成下游水道出现盐度高估误差（见图 4.5）。

虎门上游广州水道与下游狮子洋动力条件和地貌特征各异：上游河道较为狭窄而下游水道因航线需要保持着宽深属性；东江来流皆汇入下游狮子洋，故此径流源对广州水道不存影响。综上因素，第一河段（口门大虎站点到大盛站点）预估的混合系数远小于第二河段（至浮标厂站点），如表 4.2 所示。结果与前人研究结论相似：径流作用越强，混合系数越小。

上一章研究具体论证了多源河口盐度扩散的分段特性。虎门多源状态分段后，两河道的混合系数拟合优度有明显的提升，证明虎门盐度分布特征分段研究将提高模型模拟的精度和可信度。非稳态解析模型的计算结果进一步佐证了这个结论，如图 4.6 所示。研究选取了大潮期 1 月 24 日和小潮期 2 月 3 日作为代表数据研究。图中圆点代表大潮实测盐度、倒三角代表小潮实测盐度；实线表示的计算值采用第一河段混合系数，虚线表示的计算值采用第二河段混合系数。图 4.6 分段模拟效果优良，盐度过程的模拟精度有了明显提高。从图 4.6 的盐度理论变化趋势线可以发现，虎门盐度在下游区域衰减速度较快，经过大盛站点，盐度沿程衰减速度明显减慢，足可见东江径流作用对虎门盐度扩散的显著作用。计算过程中盐度出现了跳跃点，但考虑到本次研究的重点还在于对一般性河口盐度时空分布特征的探究，对于非稳态解析模型在具有分段特征河口的进一步优化会在后续的研究中继续深入展开。

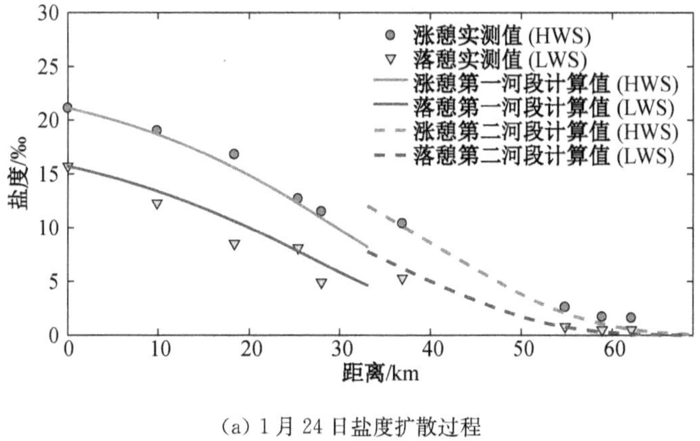

(a) 1 月 24 日盐度扩散过程

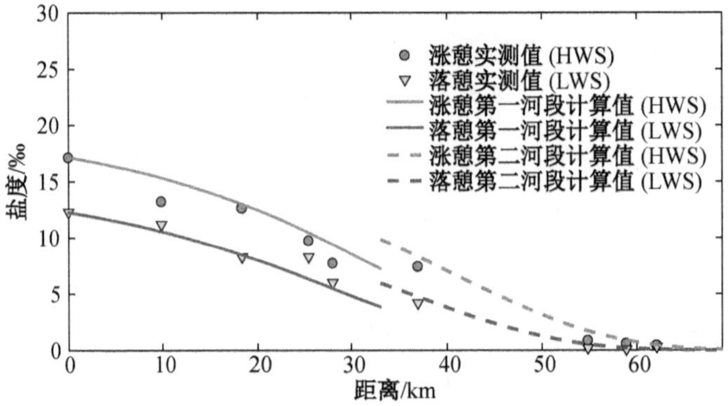

(b) 2 月 3 日盐度扩散过程

图 4.6　大、小潮期虎门盐度分段扩散过程

比较模型在大、小潮期的模拟结果，从图 4.6 中不难发现该非稳态解析模型在小潮期表现明显更优。2005 年珠江三角洲遭遇了近 20 年最严重的咸潮灾害，相关部门策定调上游水库淡水压制下游咸潮。上游红水河天生桥等水库来水于 2005 年 1 月 29 日到达三水站，日均流量增加了 410 $m^3 \cdot s^{-1}$。上游来流增加，加之小潮期间潮汐动力相对减弱，虎门上游广州水道与下游狮子洋的盐度混合系数差别也相应减小，如表 4.2 所示。小潮期间虎门上下游混合系数值最为相近，非稳态盐度扩散解析模型折中选择盐度混合系数即可较好反映珠江口虎门盐度的空间分布特征。然而，尽管咸淡水的混合程度对非稳态模型的模拟精度有明显的影响(高水位期优于低水位期，见图 4.6)，但是混合系数在模型中的精确设定对盐度模拟结果起着更重要的决定作用。

4.2.4　虎门潮周期盐度随时间变化过程

本章研究选取 1 月 26 日数据作为大潮期代表，1 月 31 日数据作为小潮期代表，分析虎门盐度扩散过程在大、小潮期间周期变化特性的异同性。模型中的主要参数，包括潮程 E_0、初始相位以及潮波速度 c 均由口门实测数据确定。研究通过虎门沿程站点的实时盐度数据，检验了非稳态盐度扩散解析模型对虎门盐度周期变化过程的模拟能力。研究表明，重要参数(潮程、初始相位以及潮波速度)的适当选择是解析模型模拟沿程任意站点周期变化过程的关键。

图 4.7 展示的是虎门沿程站点盐度随时间的变化过程。灰色虚线曲线、黑

色实线曲线分别表示基本非稳态解析模型(式 4. 14)在大潮期、小潮期的计算盐度值;方块、倒三角分别代表大潮期、小潮期的实测盐度值。

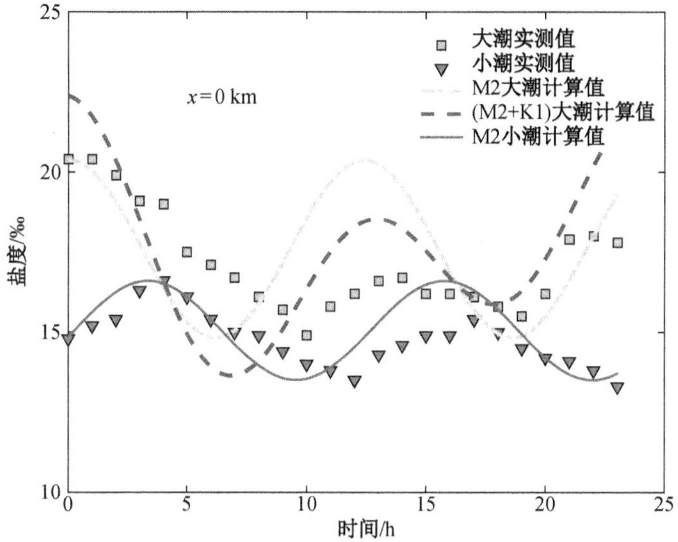

(a) 大虎

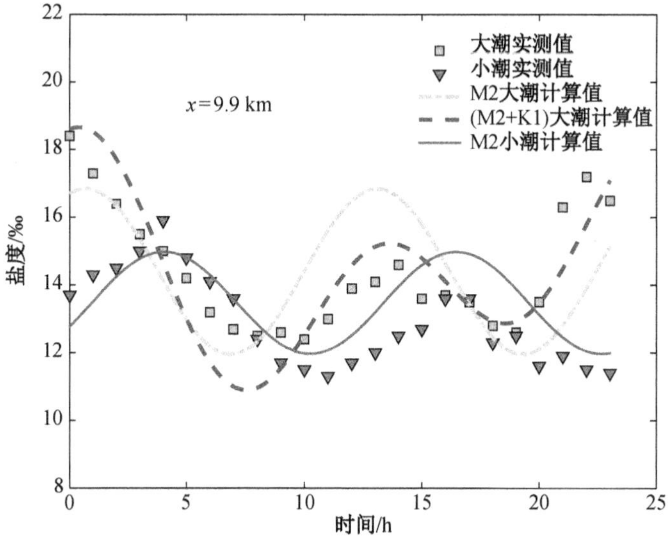

(b) 泗盛围

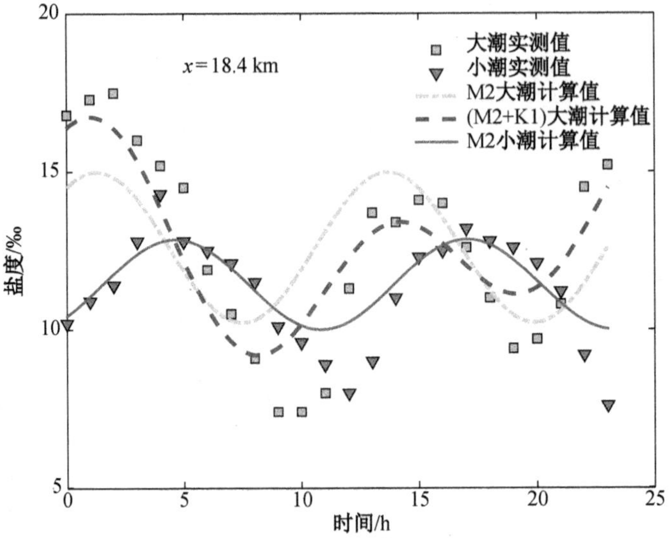
20
15
10
5
0
5
10
15
20
25
x = 18.4 km
大潮实测值
小潮实测值
M2大潮计算值
(M2+K1)大潮计算值
M2小潮计算值
盐度/‰
时间/h

(c) 漳澎

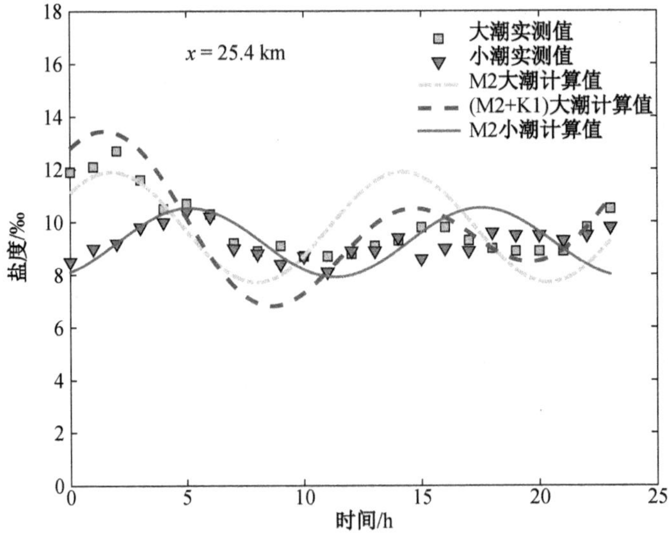
18
16
14
12
10
8
6
4
2
0
5
10
15
20
25
x = 25.4 km
大潮实测值
小潮实测值
M2大潮计算值
(M2+K1)大潮计算值
M2小潮计算值
盐度/‰
时间/h

(d) 麻涌

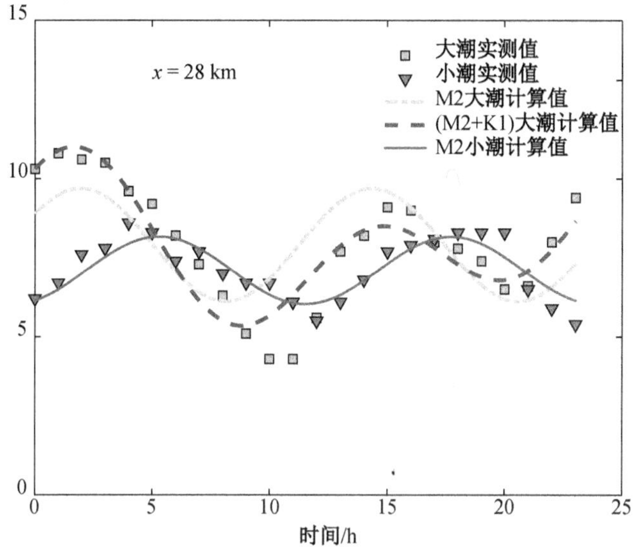

(e) 大盛

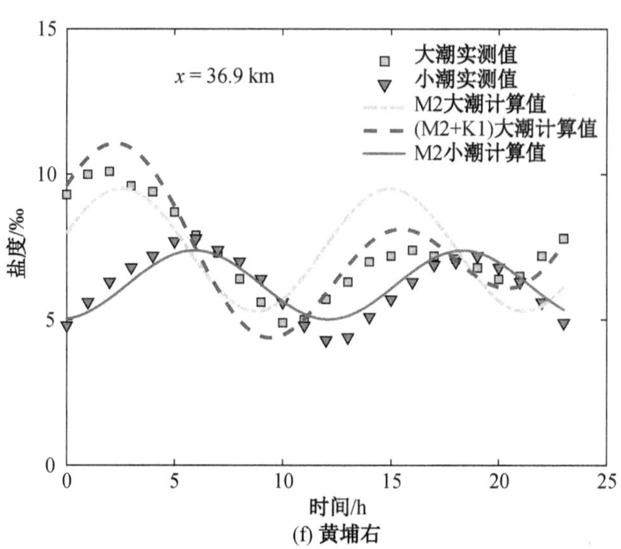

(f) 黄埔右

图 4.7　虎门沿程各测点盐度潮周期变化过程

基本非稳态解析模型基于规则半日潮河口潮动力特征构建，即仅考虑 M2 分潮作为唯一的潮动力作用。深色的虚线是在原解析模型中加入 K1 分潮作用后的计算盐度值。比较计算盐度值和实测盐度值的相关性，结果表明非稳态模型可以在一定程度上反映实际的盐度周期变化过程，另一方面也说明研究中关于潮波传播速度和初始相位的假定(式 4.20)是可行的。然而，大潮期间盐度的周期变化存在着非常明显的不对称性，简单的单频非稳态模型较难完美地反演盐度变化过程。虎门属于不规则半日潮河口，小潮期间 M2 较其他分潮表现绝对优势，故而基本呈现单频简谐变化规律；大潮期间 K1 作用与 M2 作用分庭抗礼，呈现较强的不规则混合潮属性，所以基本非稳态解析模型需要进一步优化以适应更复杂的潮汐动力。优化的模型计算结果在图中以虚线表示，基本正确描述了大潮期实际盐度的周期不对称变化特征。

比较沿程各点的盐度时空分布特征，非稳态解析模型在虎门个别站点的计算模拟表现始终不尽如人意(见图 4.7)，这主要跟站点所处的地理位置有关。例如，口门大虎站点，水面宽阔且与外海相接，不排除沿岸流等其他动力的扰动影响。漳澎站点，落潮时计算盐度出现明显的高估，这一现象表明东江从漳澎出口流出汇入虎门水道的径流对虎门局部盐水的冲淡作用显著。

另一值得关注的测点，麻涌站点，从图上可见与周围站点相比较，其实测盐度表现出较弱的周期变化属性。麻涌站点位于东江和狮子洋汇流之处，多源汇流动力作用复杂。然而与之相距 2.6 km 上游大盛站点的模拟效果却优之极多，为进一步分析麻涌出现计算误差的原因，本研究比较了两站点的日均净流量，如图 4.8 所示，负值表征向海洋方向流量。

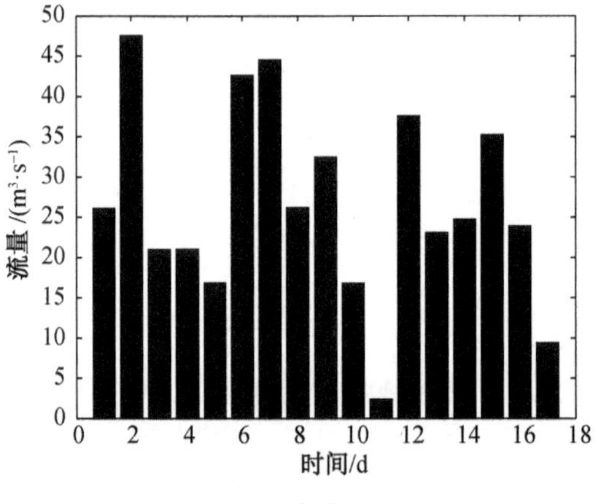

(a) 麻涌

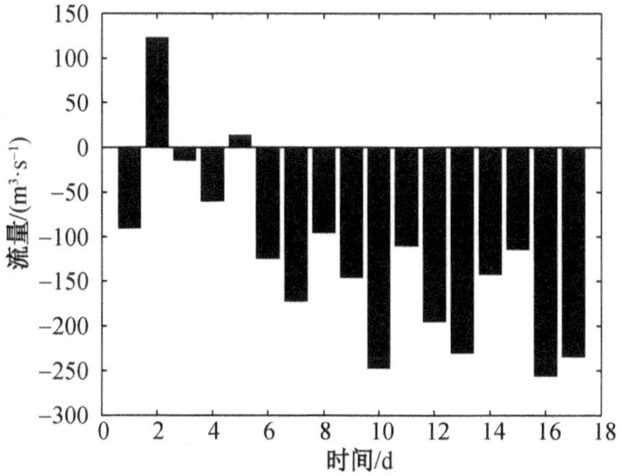

(b) 大盛

图 4.8　麻涌和大盛站点日净流量变化(1 月 19 日—2 月 4 日数据)

麻涌站点日均流量皆为正值，表明咸潮上溯聚此不散，这很可能是由于咸水受该区域地形“束缚”无法及时随潮离去，整个潮周期内皆为盐水控制的缘故，这种动力机制称为潮汐捕捉(tidal trapping)。与之相反，大盛站点位于东江主要的淡水下泄通道口门处，潮周期内动力作用由径流控制。

4.3　虎门盐水入侵对潮汐分潮的响应

4.3.1　虎门盐水入侵区域时空演变特征

研究选取黄埔右站点以下的 6 个站点数据分析虎门盐水入侵的时空变化特征。在图 4.9 中，不同符号表示不同站点的实时盐度数据，各个站点的盐度潮周期变化规律基本相似，并向上游沿程衰减。如图 4.9 所示，距离口门越远，盐度的周期对称性越强。口门盐度周期变化的不规则性可能有以下几个原因造成：第一，虎门口门紧邻伶仃洋，水动力情况复杂，不排除沿岸流的影响；第二，口门位置盐度测量困难，误差较大；第三，口门宽阔水面受风作用影响造成的扰动或不可忽略。而以上所列举因子的影响作用越往上游越弱。

图 4.9(a)中，虚线框选定的 1 月 26 日和 1 月 31 日分别代表大潮期、小潮期，以比较分析大小潮期盐度扩散时空变化的异同性。比较图 4.1 和图 4.9，盐度的变化规律与潮位相似，在大潮期间存在严重的不对称特性，受混合潮动力影

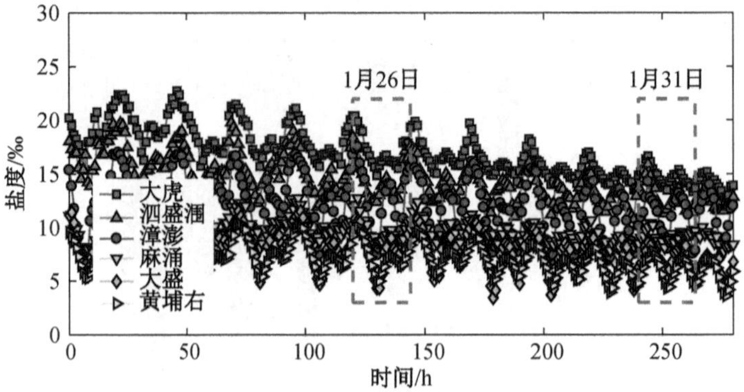

(a) 1月26日和1月31日对比

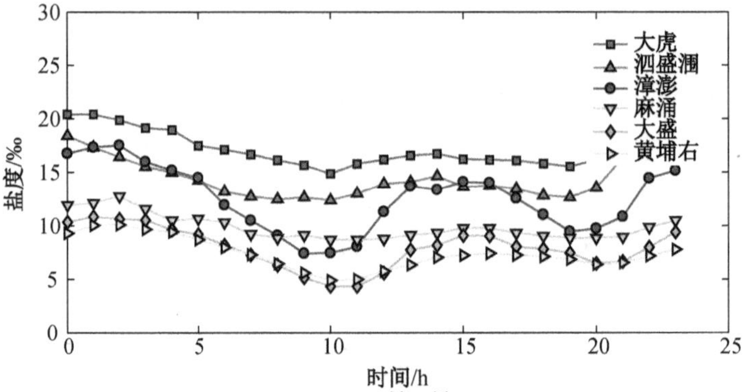

(b) 1月26日

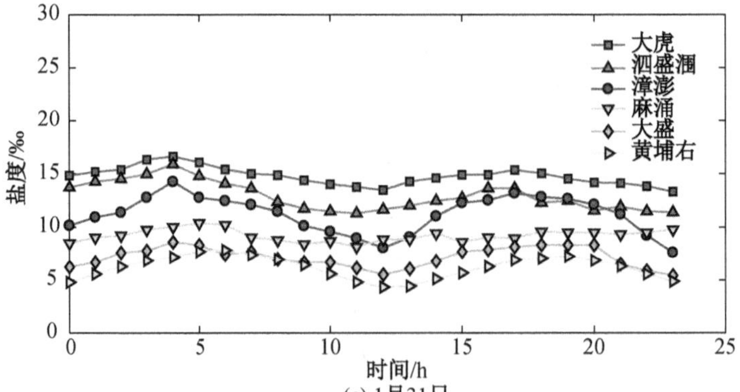

(c) 1月31日

图 4.9 虎门盐度扩散时空演变过程(1 月 21 日—2 月 1 日数据)

响的特征显著。为进一步分析盐度不对称变化过程的时空特征，研究将大小潮期盐度周期变化过程进行了具体比较分析，见图 4.10。

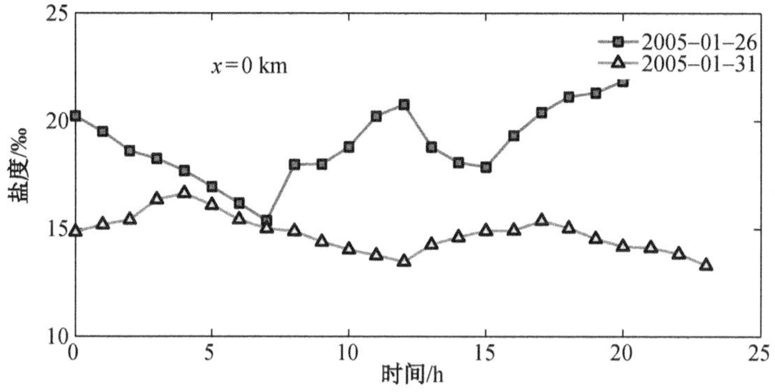

(a) 大虎

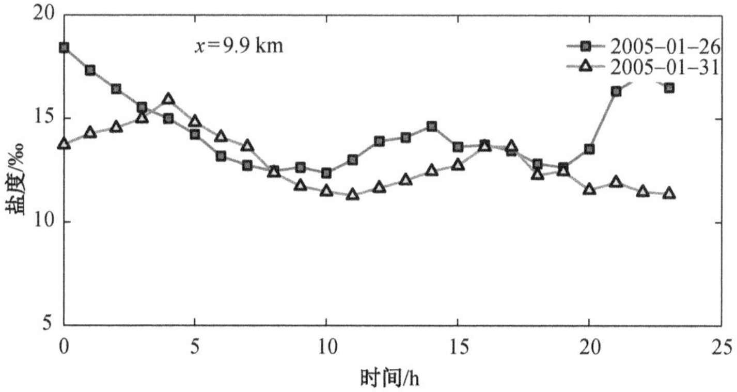

(b) 泗盛涠

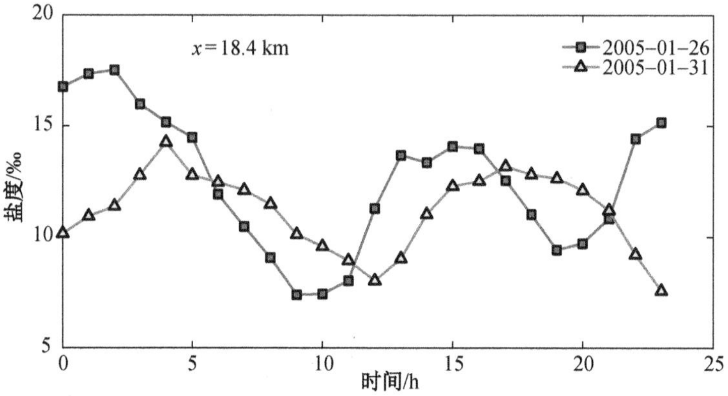

(c) 漳澎

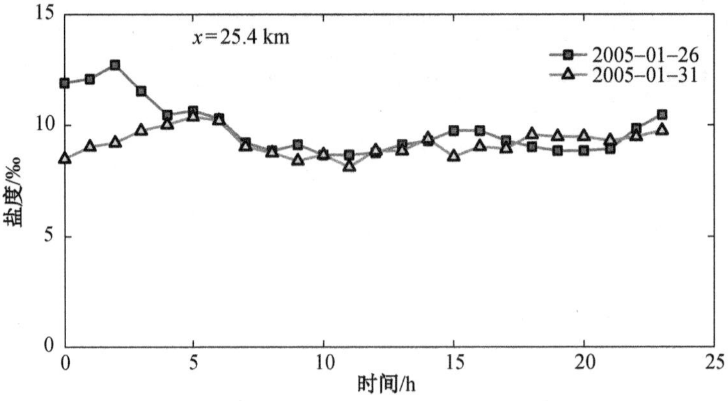

（d）麻涌

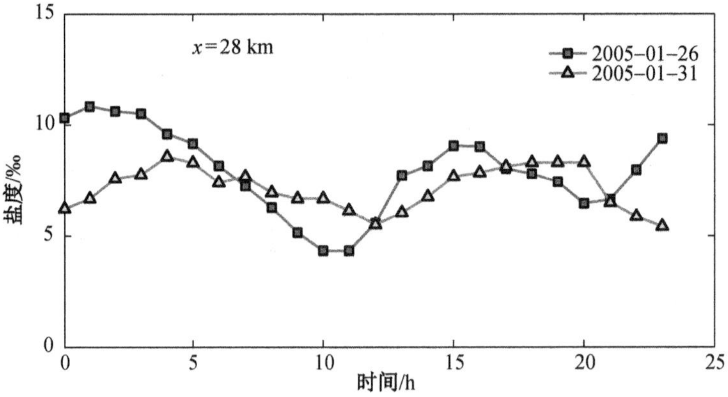

（e）大盛

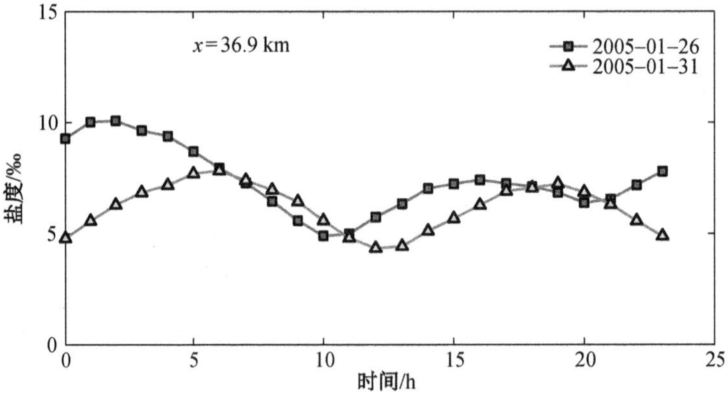

（f）黄埔右

图 4.10　大、小潮期盐度时空变化过程比较

沿程各站点普遍大潮期盐度不对称性较小潮期更显著。大潮期间，一个潮周期内高高潮盐度峰值异常高于其他时刻盐度，加剧了盐度变化过程的不对称性。大潮期盐度绝对值除高高潮的盐度峰值以外，相较小潮期对应过程时刻的盐度值，其差异并不显著。受潮汐运动影响，大潮期与小潮期盐度变化过程存在一个自然的相位差。口门附近盐度变化过程在大潮期较小潮期更显无规则性，可推断潮汐动力作用直接影响着河口盐度的周期变化规律。

4.3.2　不规则半日潮对盐水入侵的影响

实测数据分析显示，珠江口虎门大潮期间全日分潮和半日分潮作用显著，表现典型的不规则半日潮特征。为在模型中反映潮汐分潮影响，本研究将分潮作用因子加入非稳态盐度扩散解析模型，进一步扩大解析模型的适用范围。优化模型增加了两个假设：

（1）盐度变化过程与潮汐变化过程一致，盐度可分解为不同分潮作用部分；

（2）分潮作用对盐度的影响与对应分潮振幅成正比。

若考虑潮汐分潮作用，非稳态盐度扩散解析解可表示为

$$s=\bar{s}_0\exp\left\{\frac{Q_f a}{DA_0}\left[\exp\left(\frac{x}{a}\right)-1\right]\right\}\left\{1+\frac{E}{2a}\left[-\frac{Q_f a}{DA_0}\exp\left(\frac{x}{a}\right)\right]\right.$$
$$\left.\left[\sin\left(\omega t+\varphi\right)+\sum_{i=1}^{N}\beta_i\sin\left(\omega_i t+\varphi_i\right)\right]\right\} \tag{4.21}$$

式中，β_i 为其他潮汐分潮对 M2 分潮的相对振幅比例；ω_i 和 φ_i 为对应分潮的调和常数。

潮型系数是河口全日潮振幅与半日潮振幅的比值，表征着河口的潮汐状态。珠江口潮型系数在 0.8～1.5 之间，属于不规则半日潮型。虎门主要动力分潮包括 M2 和 K1，两者相位差值在 10°～35°区间变化。基于珠江口的潮汐信息以及 2005 年 1 月 26 日的实测水文数据，确定分潮作用下虎门的非稳态盐度扩散解析表达：

$$s=\bar{s}_0\exp\left\{\frac{Q_f a}{DA_0}\left[\exp\left(\frac{x}{a}\right)-1\right]\right\}\left\{1+\frac{E}{2a}\left[-\frac{Q_f a}{DA_0}\exp\left(\frac{x}{a}\right)\right]\right.$$
$$\left.\left[\sin\left(\frac{2\pi}{T}t+\varphi\right)+\beta_1\sin\left(\frac{2\pi}{T_1}t+\varphi+0.43\right)\right]\right\} \tag{4.22}$$

式中，全日潮与半日潮的振幅比值取为 0.8；T 为 M2 分潮潮周期；T_1 为 K1 分潮潮周期，两分潮相位差值 0.43。模型率定结果为图 4.7 虚线所示过程，可见该模型计算结果与实测结果一致性较高，能较好地反演大潮期间盐度的不规则变化特征，且越往口内盐度变化过程的模拟效果越好。

采用大潮期 1 月 24 日和 28 日的实测数据验证虎门解析模型式(4.22)，结果如图 4.11 所示。实线过程代表基本非稳态模型（式 4.14）的计算结果（仅考虑 M2），虚线过程代表同时考虑 K1 和 M2 分潮作用的非稳态解析模拟结果。

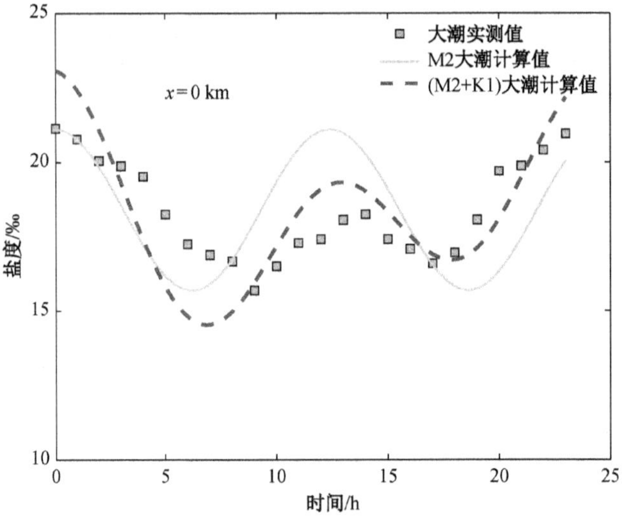

(a) 大虎 1 月 24 日数据

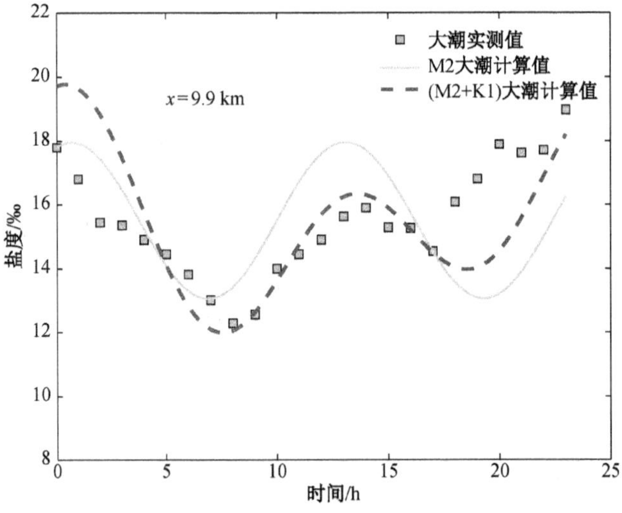

(b) 泗盛围 1 月 24 日数据

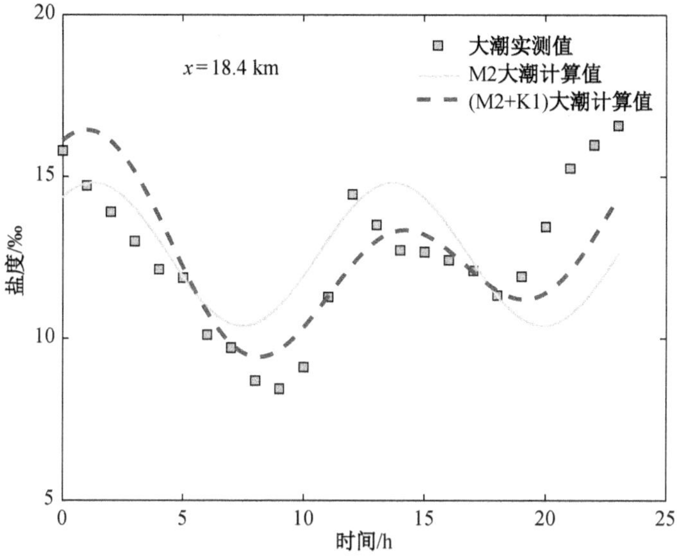

(c) 漳澎 1 月 24 日数据

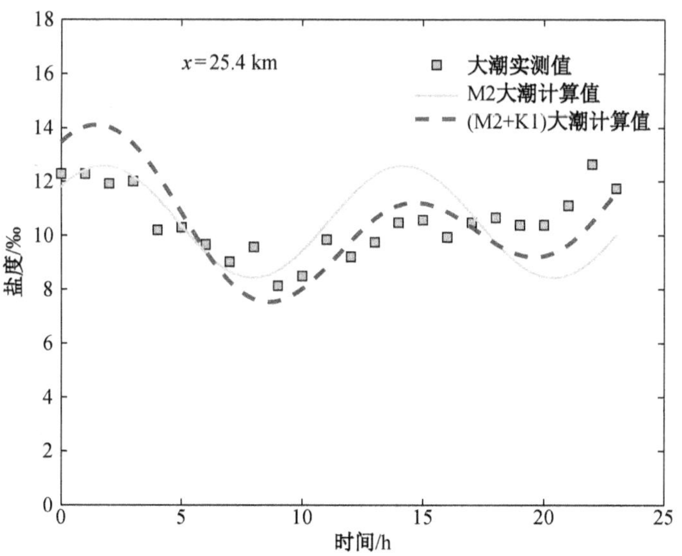

(d) 麻涌 1 月 24 日数据

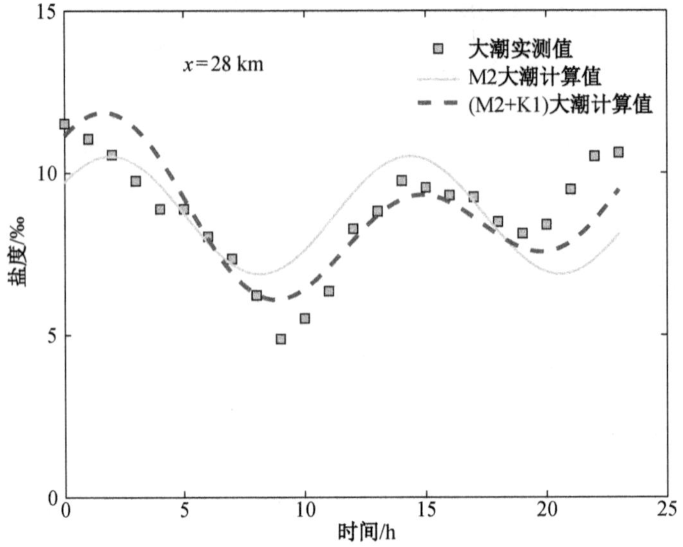

(e) 大盛 1 月 24 日数据

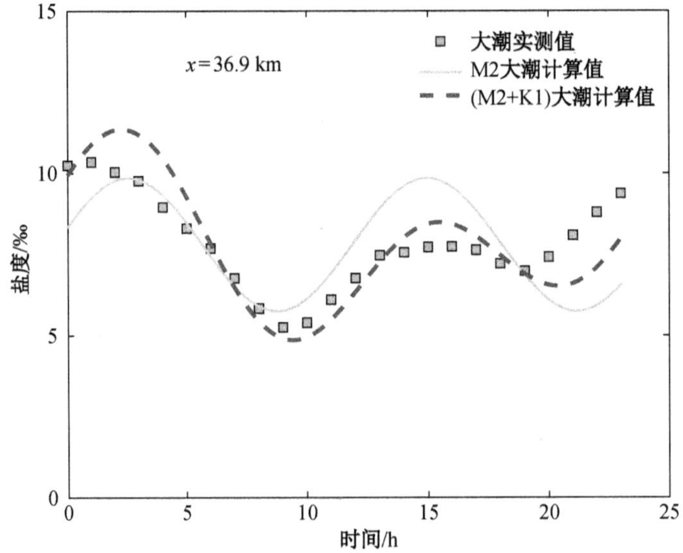

(f) 黄埔右 1 月 24 日数据

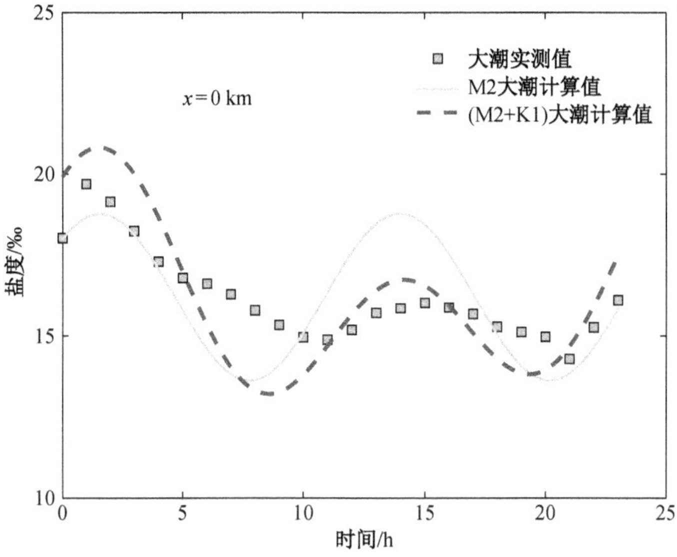

(g) 大虎 1 月 28 日数据

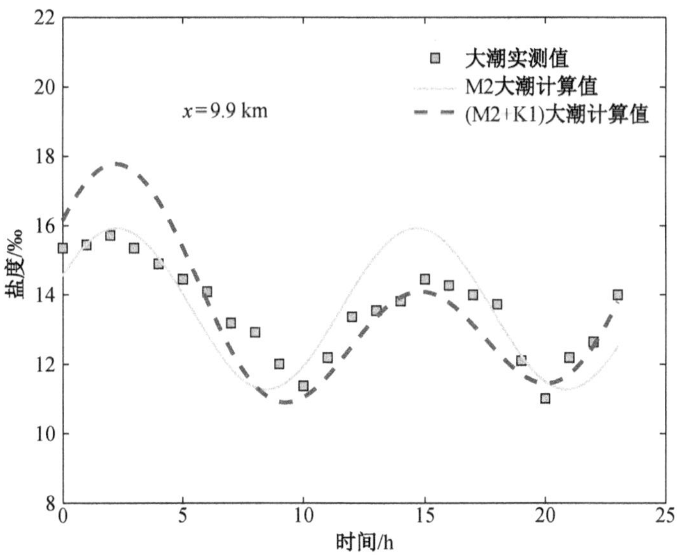

(h) 泗盛滘 1 月 28 日数据

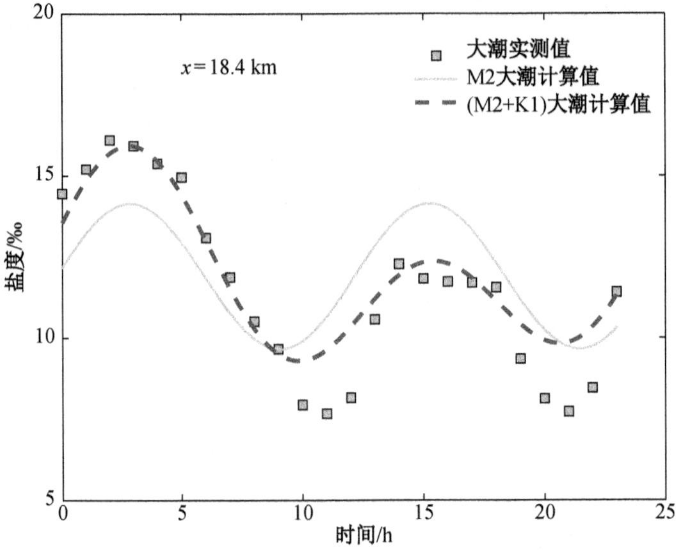

(i) 漳澎 1 月 28 日数据

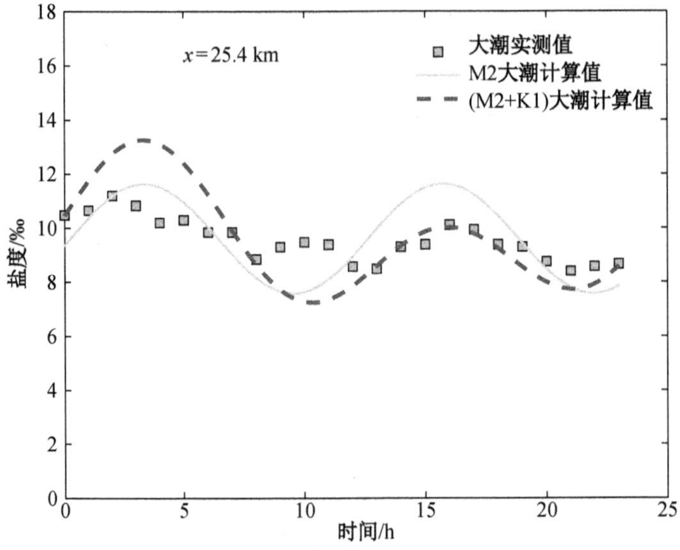

(j) 麻涌 1 月 28 日数据

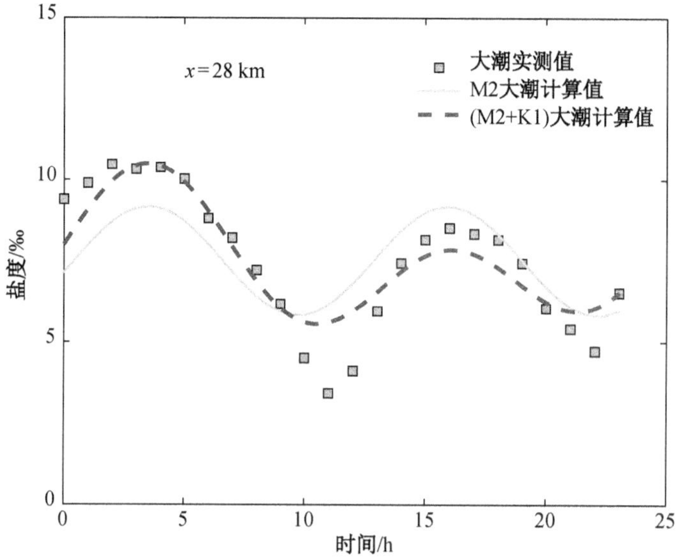

（k）大盛 1 月 28 日数据

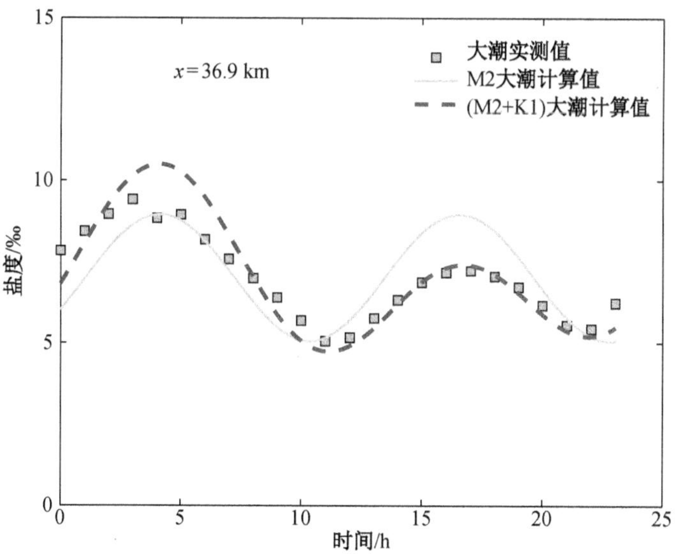

（l）黄埔右 1 月 28 日数据

图 4.11　非稳态解析解模拟不规则半日潮作用

图 4.11 的数据验证表明优化后的非稳态解析模型在不规则半日潮河口表现出色，可解析描绘盐度在复杂潮动力作用下的不对称变化过程。总的来讲，研究站点越靠上游模拟效果越佳。

综上所述，在规则潮汐河口，非稳态解析模型作为一种有效的研究模拟手段，可以便捷地预测河口盐度时空变化过程。本研究初步验证了其在复杂潮型河口模型的适用性，表明潮动力特性直接影响盐度随时间的变化特征。

4.4 虎门盐水入侵的动力过程特性

4.4.1 虎门盐度扩散潮周期简谐变化规律

设定线性变化规律研究盐度时间变化特征是基于稳态模型可进行的快速分析途径。确定涨憩、落憩盐度极值，时间段内盐度过程可线性描述，如图 4.12 所示。图 4.12 以大盛站点数据为例，图中曲线代表非稳态解析解，点划线代表“线性”模型，叉点代表实测盐度。

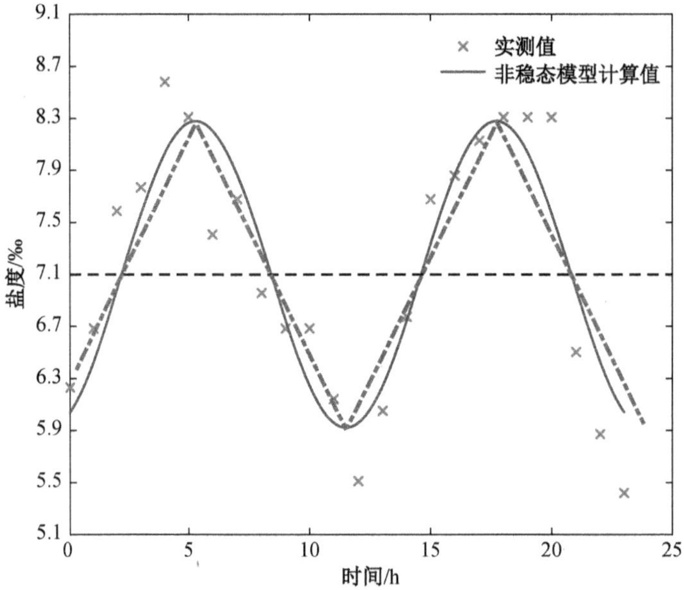

图 4.12　大盛站点线性过程和简谐过程计算盐度比较(1 月 31 日数据)

与非稳态解析模型相比，该线性模型设定简单且模拟的盐度变化趋势正确，与简谐模型具有相同的函数单调性。但是，从图 4.12 中也可明显发现，该线性模型在涨潮期会出现低估现象而在落潮期则表现盐度高估。此外，任意测点的盐度极值(涨憩、落憩)出现时间点较难精准确定，而时间点对于线性模型的建立至关重要。不仅如此，由于稳态模型在基础方程中忽略了时间项，而河口沿程涨落憩发生存在时间差，故而其无法反映站点间的关联性，即线性模型无法建立盐度周期特性在同一河口内不同站点之间的联系。

稳态盐度扩散模型可以通过盐度极值确定正确的盐度周期变化趋势，但盐度计算过程会出现明显的涨潮低估和落潮高估现象。稳态模型初始设定忽略时间因子，故依此构建的线性模拟不具备预测盐度潮周期变化的计算能力。

4.4.2　虎门盐水入侵过程的相位特征

在自然界河口中，盐度最大值往往出现在涨憩(HWS)之后而最小值会出现在落憩(LWS)之前。但极值出现的具体时间难以估计，因此通常会使用涨落憩盐度值近似代替。然而稳态模型直接忽略了盐度的时间变化特性，无法证实这种近似取值的准确性。

非稳态盐度扩散模型中潮流流速过程与盐度变化间存在 $\pi/2$ 的相位差，意味着当潮汐速度为零时盐度出现极值。通过潮流速定义涨憩，即潮流速为零的现象称之为涨憩。然而，非稳态解析解式(4.11)表明盐度扩散过程受到潮流与径潮相互作用的影响，不可忽略。

研究选取黄埔右站点小潮期 1 月 31 日数据为例进行分析。图 4.13 中实线表示盐度周期变化过程，三角代表实测盐度，虚线表示潮流流速变化，点划线表示水道内总流速的变化过程，圆点代表实测流速。从图 4.10 的计算结果可以看出，最大盐度出现滞后的时间以及最小盐度提前出现的时间是由河口径流控制的。这个结论与前人研究相一致。黄埔右站点潮流流速约为径流流速的 6 倍，盐度极值出现的滞后时间不足 30 分钟。同样最小盐度值提前出现的时间也约为 30 分钟。这个时间差值较小，对应产生的盐度误差也可忽略，即表明黄埔右站点在 1 月 31 日的动力条件下采用涨憩盐度作近似极值的方法是可行的。

通过非稳态解析模型可以量化径流对盐度周期演变过程中相位变化特征的作用。比较流速和盐度变化过程，可以帮助确定潮周期内盐度最大值与涨憩盐

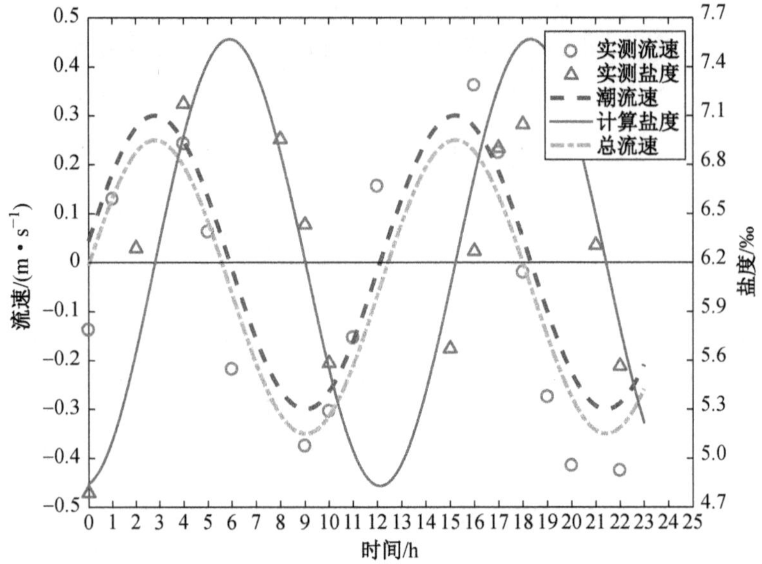

图 4.13　黄埔右站点盐度变化与流速过程的相位关系(1 月 31 日数据)

度值的相对关系,判断近似盐度极值的取值精度。

4.4.3　盐水入侵对取水时间区间的影响

河口是海水与淡水频繁作用的区域,为特定生物族群提供了繁复多样的生存和繁殖场所。盐水对河口生物是威胁也是宝物,河口地区不同动植物对咸水的盐度各有不同需求,国人的饮水要求设定含盐度不超过 0.5‰,而珠江三角洲海鲈养殖则需要控制咸水盐度为 8‰以防治水霉病。河口咸水、淡水汲取时间的准确判定将有效提高三角洲水资源的利用率。

非稳态盐度扩散解析模型可以反演盐度的时空变化过程,反之若式(4.14)左侧盐度已知,与之相应的时间点及时间段即可确定。换言之,非稳态模型可以提供一种快速便捷的方法,帮助估算任意给定盐度条件出现的时刻,这在三角洲河口水产养殖以及水厂汲水工程方面具有一定的潜在应用价值。

研究以大盛站点为例,以解析模型作为快速预报工具,分析小潮期间 1 月 31 日咸水取用的有效时段。图 4.14 中曲线是由非稳态模型计算的盐度变化过程,叉点代表实测盐度。假设在大盛站附近挖塘设置海鲈养殖基地,则设定的取水盐度不应低于 8‰。给定盐度,通过非稳态解析模型确定汲水时刻如图 4.14

所示，四个圆圈表示取水始末时刻，即大盛附近海鲈养殖基地 2005 年 1 月 31 日取水的时间段为凌晨 3:54 到早上 6:41，以及下午 4:18 到晚上 7:05。

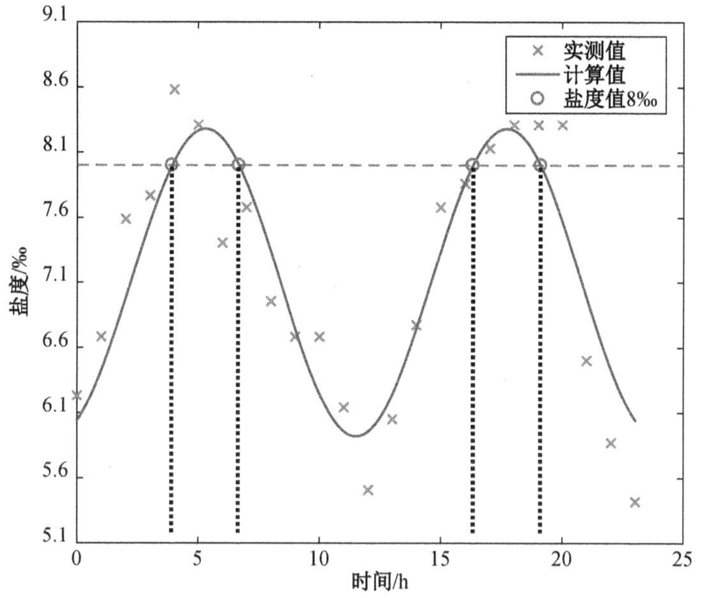

图 4.14　大盛站点盐度 8‰汲水时间段(1 月 31 日数据)

通常情况下，在已有口门实测数据的情况下，可直接使用该非稳态解析模型确定河口内任意位置的设定咸水的汲取时间。

4.5　本章小结

本章基于一维盐度对流扩散方程，综合考虑河口地形变化特征及潮动力差异特性，推导建立了河口盐水入侵非稳态解析模型。与稳态解析模型相比，非稳态解析模型充分考虑并直接反映了潮汐作用、径潮相互作用对河口盐水入侵的影响，同时还可以反演模拟潮汐河口盐水入侵在规则半日潮动力特征状况及混合潮动力特征状况下不同的时空分布规律。

本章通过虎门枯季大、小潮实测数据分析，采用非稳态盐水入侵解析模型计算了虎门涨憩、落憩时刻盐度扩散过程，检验了非稳态解析模型在实际河口的模拟能力，确认非稳态解析模型能够用于预测、分析河口盐水入侵空间纵向扩散特征。其次，考虑虎门大、小潮不同的潮汐动力作用，模拟了虎门沿程六个站点的盐度周期变化过程，与实测的比较论证了非稳态解析模型描述盐度随时间变化特征的能力。研究结合虎门实际地貌、多源动力特征，通过分析沿程计算盐度与实测盐度的异同性，阐述了虎门受制潮汐捕获动力机制而出现了局部(麻涌站点)盐水滞留现象，阐明了中游多源径流汇流造成的局部(漳澎站点)盐水被冲淡的水动力原因。最后，研究结果证明，在实际工程应用中，该非稳态解析模型可作为一个便捷模拟工具，用于盐水入侵长度范围预测以及定点取水时间的管理。

第五章
潮汐河口盐水入侵动力机制

盐度通量输运机制分解方法是分析盐水入侵动力机制的一种重要手段。它通过对大量实测盐度数据的统计分析，将盐度通量输运分解为多个物理过程作用的结果。盐度通量输运机制分解方法的应用研究虽多，但仍存在较大的局限性，一方面现有的机制分解方法对水文数据依赖性高，另一方面作为经验公式无法获知在动力机制中起实际作用的物理因子，缺乏较可靠的解析理论支撑。针对这些不足，本章基于盐水入侵非稳态解析模型，推求盐度通量输运机制的解析表达式，从最根本的物理过程数学方程出发，更深入研究盐度扩散动力机理的物理作用因子及其相互影响关系。

5.1 河口盐度通量输运机制解析式

5.1.1 规则半日潮盐度通量输运机制

通过上一章的研究，建立了盐水入侵非稳态解析模型，确认了非稳态盐度时空变化特征在规则半日潮河口的函数表达式为

$$s=\bar{s}_0\exp\left\{\frac{Q_f a}{DA_0}\left[\exp\left(\frac{x}{a}\right)-1\right]\right\}\left[1-\frac{\upsilon\bar{u}_f}{\omega D}\sin\left(\omega t+\varphi\right)\right] \tag{5.1}$$

式中，$\bar{u}_f$ 为潮周期平均径流断面流速，反映径流流量和潮平均水深断面的关系。

$$\bar{u}_f = \frac{Q_f}{\bar{A}} \tag{5.2}$$

式中，$\bar{A}$ 为潮平均河口断面面积。假设潮汐振幅为 η，与潮流流速相位差为 ε，则河口断面面积可写作：

$$\begin{aligned} A = Bh &= B[\bar{h} + \eta\sin(\omega t + \varphi + \varepsilon)] \\ &= \bar{A}[1 + \eta/\bar{h}\sin(\omega t + \varphi + \varepsilon)] \end{aligned} \tag{5.3}$$

式中，$\bar{h}$ 是潮平均水深。式(5.3)表示河口断面面积受潮汐影响作的周期规律变化。按定义，径流流速是指上游径流量与河口断面面积之比值，考虑潮汐振幅相较水深较小（$\eta/\bar{h} < 0.1$），则径流流速可近似表示为

$$\begin{aligned} u_f = \frac{Q_f}{A} &= \frac{Q_f}{B[\bar{h} + \eta\sin(\omega t + \varphi + \varepsilon)]} \\ &= \frac{Q_f[1 - \eta/\bar{h}\sin(\omega t + \varphi + \varepsilon)]}{B\bar{h}[1 - (\eta/\bar{h})^2\sin^2(\omega t + \varphi + \varepsilon)]} \\ &= \kappa\bar{u}_f - \kappa\bar{u}_f\eta/\bar{h}\sin(\omega t + \varphi + \varepsilon) \end{aligned} \tag{5.4}$$

其中，$\kappa = [1 - (\eta/\bar{h})^2\sin^2(\omega t + \varphi + \varepsilon)]^{-1}$，当 $(\eta/\bar{h})^2\sin^2(\omega t + \varphi + \varepsilon)$ 量级小于 0.01 时，κ 在 0.01 量级变化，约等于 1。此时，径流流速 u_f 可视作分为了两部分，第一部分 $\kappa\bar{u}_f$ 表示非潮汐变化的余流，称作欧拉余流；第二部分 $-\kappa\bar{u}_f\eta/\bar{h}\sin(\omega t + \varphi + \varepsilon)$ 表征随潮变化的漂流。

前文假设流速由径流流速和潮流流速两部分组成，将式(5.4)代入则可得到断面平均流速表达式

$$\begin{aligned} u &= u_f + \upsilon\cos(\omega t + \varphi) \\ &= \kappa\bar{u}_f[1 - \eta/\bar{h}\sin(\omega t + \varphi + \varepsilon)] + \upsilon\cos(\omega t + \varphi) \\ &= \kappa\bar{u}_f + \upsilon\cos(\omega t + \varphi) - \kappa\bar{u}_f\eta/\bar{h}\sin(\omega t + \varphi + \varepsilon) \end{aligned} \tag{5.5}$$

假设垂向完全掺混，不考虑垂向偏差，针对周期变化特性，可将盐度分解成两部分表示

$$s = \bar{s} + S_1 = \bar{s} + \bar{s}\left(-\frac{\upsilon u_f}{\omega D}\right)\sin(\omega t + \varphi)$$

$$= \bar{s}_0 \exp\left\{\frac{Q_f a}{DA_0}\left[\exp\left(\frac{x}{a}\right)-1\right]\right\}+$$

$$\bar{s}_0 \exp\left\{\frac{Q_f a}{DA_0}\left[\exp\left(\frac{x}{a}\right)-1\right]\right\}\left(-\frac{\upsilon u_f}{\omega D}\right)\sin\,(\omega t+\varphi) \tag{5.6}$$

式中，$\bar{s}$ 为潮平均盐度值；$\bar{s}_0$ 为口门潮平均盐度值；S_1 指随潮周期变化盐度。类似地将断面流速表示为

$$u=\bar{u}+U_1=\kappa\bar{u}_f+\upsilon\cos\,(\omega t+\varphi)-\kappa\bar{u}_f\eta/\bar{h}\sin\,(\omega t+\varphi+\varepsilon) \tag{5.7}$$

式中，U_1 为随潮汐周期变化流速。河口断面面积受潮动力的影响，随潮汐振幅变化呈现周期变化特征，表示为

$$A=\bar{A}+A_1=\bar{A}+B\eta\sin\,(\omega t+\varphi+\varepsilon) \tag{5.8}$$

式中，A_1 为随潮周期变化断面面积。盐度通量是指时间段内通过某断面的盐度总量，则潮周期内盐度通量可以表示为

$$F=\frac{1}{T}\int_0^T\int_A us\,\mathrm{d}A\mathrm{d}t \tag{5.9}$$

式中，F 为潮周期盐度通量。盐度通量的输运机制可以分解为不同的动力过程对盐度的贡献，可理解为河口盐度入侵的内在机理。将式(5.6)、式(5.7)、式(5.8)代入式(5.9)，可得

$$F=\frac{1}{T}\int_0^T\int_A us\,\mathrm{d}A\mathrm{d}t=\frac{1}{T}\int_0^T\int_A(\bar{u}+U_1)(\bar{s}+S_1)\,\mathrm{d}(\bar{A}+A_1)\,\mathrm{d}t \tag{5.10}$$

则盐度通量可以分解为

$$\begin{aligned}F&=\frac{1}{T}\int_0^T\int_A us\,\mathrm{d}A\mathrm{d}t=\frac{1}{T}\int_0^T(\kappa\bar{s}\,\bar{u}_f\bar{A}+\bar{s}A_1U_1+\kappa\bar{u}_fA_1S_1+\bar{A}U_1S_1+A_1U_1S_1)\,\mathrm{d}t\\&=\kappa\bar{s}\,\bar{u}_f\bar{A}+\bar{s}\,\frac{1}{T}\int_0^TA_1U_1\,\mathrm{d}t+\kappa\bar{u}_f\,\frac{1}{T}\int_0^TA_1S_1\,\mathrm{d}t+\bar{A}\,\frac{1}{T}\int_0^TU_1S_1\,\mathrm{d}t+\frac{1}{T}\int_0^TA_1U_1S_1\,\mathrm{d}t\\&=F_1+F_2+F_3+F_4+F_5\end{aligned} \tag{5.11}$$

式中，F_1受作用于欧拉余流；F_2为斯托克斯漂流引起的盐度输运；F_1和 F_2共同作用代表径流造成的平流输运；称作拉格朗日输运；F_3、F_4和 F_5表征的是潮汐的潮

泵机制作用。

对于规则半日潮河口，考虑半日潮 M2 作用，则式(5.11)中各盐度通量输运机制可以进一步解析。由欧拉余流作用引起的平流输运盐度通量 F_1 为

$$F_1 = \kappa \bar{s}\, \bar{u}_f \bar{A} = \bar{s}_0 \exp\left\{\frac{Q_f a}{DA_0}\left[\exp\left(\frac{x}{a}\right)-1\right]\right\}\kappa \bar{u}_f \bar{A}$$
$$= \bar{s}_0 \exp\left\{\frac{Q_f a}{DA_0}\left[\exp\left(\frac{x}{a}\right)-1\right]\right\}\kappa Q_f \tag{5.12}$$

式中，盐水入侵方向为正，故 Q_f 为负值。对式(5.12)进行二阶泰勒级数展开可获得 F_1 表达式

$$F_1 = \bar{s}_0\left(1-\frac{|Q_f|}{DA_0}x+\frac{|Q_f|^2}{2D^2A_0^2}x^2-\frac{|Q_f|}{2DA_0 a}x^2\right)\kappa Q_f$$
$$= \bar{s}_0\left(1-\frac{|\bar{u}_{f0}|}{D}x+\frac{|\bar{u}_{f0}|^2}{2D^2}x^2-\frac{|\bar{u}_{f0}|}{2Da}x^2\right)\kappa Q_f \tag{5.13}$$

斯托克斯漂流作用引起的盐度通量输运表达式为

$$F_2 = \bar{s}\,\frac{1}{T}\int_0^T A_1 U_1\,\mathrm{d}t$$
$$= \bar{s}\,\frac{1}{T}\int_0^T B\eta\sin\,(\omega t+\varphi+\varepsilon)\left[\upsilon\cos\,(\omega t+\varphi)-\kappa\bar{u}_f\eta/\bar{h}\sin\,(\omega t+\varphi+\varepsilon)\right]\mathrm{d}t$$
$$= \bar{s}\,\frac{1}{T}\int_0^T \frac{1}{2}B\eta\upsilon\left[\sin\,(2\omega t+2\varphi+2\varepsilon)+\sin\,\varepsilon\right]-$$
$$\frac{1}{2}B\kappa\bar{u}_f\eta^2/\bar{h}\left[\cos\,(2\omega t+2\varphi+2\varepsilon)-1\right]\mathrm{d}t$$
$$= \bar{s}_0\exp\left\{\frac{Q_f a}{DA_0}\left[\exp\left(\frac{x}{a}\right)-1\right]\right\}\left(\frac{1}{2}B\eta\upsilon\sin\,\varepsilon-\frac{1}{2}B\kappa\bar{u}_f\eta^2/\bar{h}\right)$$
$$= \frac{\bar{s}_0 B\eta}{2}\exp\left\{\frac{Q_f a}{DA_0}\left[\exp\left(\frac{x}{a}\right)-1\right]\right\}(\upsilon\sin\,\varepsilon-\kappa\bar{u}_f\eta/\bar{h}) \tag{5.14}$$

潮汐潮泵动力机制引发的三项盐度输运通量表达式分别为

$$F_3 = \kappa\bar{u}_f\,\frac{1}{T}\int_0^T A_1 S_1\,\mathrm{d}t$$

$$= \kappa \bar{u}_f \frac{1}{T}\int_0^T B\eta \sin(\omega t+\varphi+\varepsilon)\bar{s}_0 \exp\left\{\frac{Q_f a}{DA_0}\left[\exp\left(\frac{x}{a}\right)-1\right]\right\}$$

$$\left(-\frac{\upsilon \bar{u}_f}{\omega D}\right)\sin(\omega t+\varphi)\mathrm{d}t$$

$$= -\frac{1}{2}\kappa \bar{u}_f B\eta \bar{s}_0 \exp\left\{\frac{Q_f a}{DA_0}\left[\exp\left(\frac{x}{a}\right)-1\right]\right\}$$

$$\left(-\frac{\upsilon \bar{u}_f}{\omega D}\right)\frac{1}{T}\int_0^T[\cos(2\omega t+2\varphi+\varepsilon)-\cos\varepsilon]\mathrm{d}t$$

$$= \frac{1}{2}\kappa \bar{u}_f B\eta \bar{s}_0 \exp\left\{\frac{Q_f a}{DA_0}\left[\exp\left(\frac{x}{a}\right)-1\right]\right\}\left(-\frac{\upsilon \bar{u}_f}{\omega D}\right)\cos\varepsilon$$

$$= \frac{1}{2}\kappa B\eta \bar{s}_0 \exp\left\{\frac{Q_f a}{DA_0}\left[\exp\left(\frac{x}{a}\right)-1\right]\right\}\left(-\frac{\upsilon \bar{u}_f^2}{\omega D}\right)\cos\varepsilon \tag{5.15}$$

$$F_4 = \bar{A}\frac{1}{T}\int_0^T U_1 S_1 \mathrm{d}t$$

$$= \bar{A}\frac{1}{T}\int_0^T[\upsilon\cos(\omega t+\varphi)-\kappa\bar{u}_f\eta/\bar{h}\sin(\omega t+\varphi+\varepsilon)]\bar{s}\left(-\frac{\upsilon \bar{u}_f}{\omega D}\right)\sin(\omega t+\varphi)\mathrm{d}t$$

$$= \bar{s}\left(-\frac{\upsilon \bar{u}_f}{\omega D}\right)\bar{A}\frac{1}{T}\int_0^T\left\{\frac{\upsilon}{2}\sin(2\omega t+2\varphi)+\frac{1}{2}\kappa\bar{u}_f\eta/\bar{h}\right.$$

$$\left.[\cos(2\omega t+2\varphi+\varepsilon)-\cos\varepsilon]\right\}\mathrm{d}t$$

$$= \bar{s}_0 \exp\left\{\frac{Q_f a}{DA_0}\left[\exp\left(\frac{x}{a}\right)-1\right]\right\}\left(-\frac{\upsilon \bar{u}_f}{\omega D}\right)\bar{A}\left(-\frac{1}{2}\kappa\bar{u}_f\eta/\bar{h}\cos\varepsilon\right)$$

$$= -\frac{1}{2}\bar{s}_0 \exp\left\{\frac{Q_f a}{DA_0}\left[\exp\left(\frac{x}{a}\right)-1\right]\right\}\left(-\frac{\upsilon \bar{u}_f}{\omega D}\right)\kappa Q_f\cos\varepsilon\eta/\bar{h} \tag{5.16}$$

$$F_5 = \frac{1}{T}\int_0^T A_1 U_1 S_1 \mathrm{d}t$$

$$= \bar{s}\frac{1}{T}\int_0^T B\eta\sin(\omega t+\varphi+\varepsilon)[\upsilon\cos(\omega t+\varphi)-\kappa\bar{u}_f\eta/\bar{h}$$

$$\sin(\omega t+\varphi+\varepsilon)]\left(-\frac{\upsilon \bar{u}_f}{\omega D}\right)\sin(\omega t+\varphi)\mathrm{d}t$$

$$= \frac{\bar{s}B\eta}{T}\left(-\frac{\upsilon u_f}{\omega D}\right)\int_0^T[\cos\varepsilon-\cos(2\omega t+2\varphi+\varepsilon)]$$

$$[\upsilon\cos(\omega t+\varphi)-\kappa\overline{u}_{\mathrm{f}}\eta/\overline{h}\sin(\omega t+\varphi+\varepsilon)]\mathrm{d}t$$

$$=\frac{\overline{s}B\eta}{T}\left(-\frac{\upsilon u_{\mathrm{f}}}{\omega D}\right)\int_0^T\Big[\upsilon\cos\varepsilon\cos(\omega t+\varphi)-\kappa\overline{u}_{\mathrm{f}}\eta/\overline{h}\cos\varepsilon\sin(\omega t+\varphi+\varepsilon)-$$

$$\frac{\upsilon}{2}\cos(3\omega t+3\varphi+\varepsilon)+\frac{\upsilon}{2}\cos(\omega t+\varphi+\varepsilon)+\frac{\kappa\overline{u}_{\mathrm{f}}\eta/\overline{h}}{2}\sin(3\omega t+3\varphi+2\varepsilon)-$$

$$\frac{\kappa\overline{u}_{\mathrm{f}}\eta/\overline{h}}{2}\sin(\omega t+\varphi)\Big]\mathrm{d}t$$

$$=0 \tag{5.17}$$

规则半日(全日)潮汐河口的盐度通量输运机制的解析表达式即为式(5.12)、式(5.14)、式(5.15)、式(5.16)和式(5.17)。式(5.12)表示欧拉余流输运的盐度通量 F_1,从解析式中可看出,该项是由潮周期平均盐度和潮周期平均流速控制,上游径流直接控制欧拉输运机制作用的大小。式(5.14)表示斯托克斯漂流作用造成的盐度输运通量 F_2,从解析式可以看出影响该输运机制的因素众多,包括潮平均盐度 $\overline{s}$ 、河口宽度 B、潮汐振幅 η 、潮流流速振幅 υ 、潮流与潮汐间的相位差 ε 。虽然表达式(5.14)中有参数 $\overline{u}_{\mathrm{f}}$,但是如式(5.4)所示,$\overline{u}_{\mathrm{f}}\eta/\overline{h}$ 代表的是由于潮汐振幅引起的断面面积变化对径流流速形成的影响,故其本质依旧可视作潮汐作用。所以,斯托克斯漂流输运机制受控于潮汐、潮流振幅和两者的相位差。F_3、F_4、F_5 三项表征潮汐潮泵作用机制,具体来看,F_3 是潮汐脉动和盐度脉动的相互作用响应,F_4 是潮流脉动和盐度脉动的相互作用响应,但是两者结果相同,方向相反,所以输运作用相互抵消。F_5 是潮汐脉动、潮流脉动和盐度脉动三者间的相互作用响应,是真正影响盐度输运的潮泵作用因子,F_5 在此解析理论中(潮流和盐度相位差为 90°)为 0,这与前人通过大量实测资料分析的结论一致。值得注意的是,在一些经典理论中,F_4 和 F_5 会被合在一起视作一项机制讨论动力作用

$$F_4+F_5=\overline{A}\,\frac{1}{T}\int_0^T U_1S_1\,\mathrm{d}t+\frac{1}{T}\int_0^T A_1U_1S_1\,\mathrm{d}t=\frac{1}{T}\int_0^T BhU_1S_1\,\mathrm{d}t \tag{5.18}$$

一方面,因为从实测数据统计分析的角度直接考虑实测水位变化便于计算;另一方面,F_3 是潮汐脉动和盐度脉动作用变化项,其数值一般较小,三者常放在一起计算讨论,表征潮汐潮泵效应。

5.1.2　不规则混合潮盐度通量输运机制

在半日潮和全日潮共同作用下，各分潮因子间相互作用关系使盐度通量输运机制的控制因素变得更为复杂。两种分潮作用下的盐度时空变化函数表达为

$$
\begin{aligned}
s &= \bar{s} + S_1 = \bar{s} + \bar{s}\left(-\frac{\upsilon\bar{u}_{\mathrm{f}}}{\omega D}\right)\left[\sin\ (\omega t+\varphi)+\beta\sin\ \left(\frac{\omega t}{2}+\varphi+\phi\right)\right] \\
&= \bar{s}_0\exp\left\{\frac{Q_{\mathrm{f}}a}{DA_0}\left[\exp\left(\frac{x}{a}\right)-1\right]\right\} \\
&+ \bar{s}_0\exp\left\{\frac{Q_{\mathrm{f}}a}{DA_0}\left[\exp\left(\frac{x}{a}\right)-1\right]\right\}\left(-\frac{\upsilon\bar{u}_{\mathrm{f}}}{\omega D}\right)\left[\sin\ (\omega t+\varphi)+\beta_{\mathrm{s}}\sin\ \left(\frac{\omega t}{2}+\varphi+\phi\right)\right]
\end{aligned}
\tag{5.19}
$$

式中，ω 和 φ 为半日潮调和常数；ϕ 为全日潮和半日潮之间的相位差；β_{s} 表示全日潮盐度振幅对半日潮盐度振幅的比率，$\beta_{\mathrm{s}} = \tilde{s}_{D1}/\tilde{s}_{D2}$。其中，半日潮的盐度振幅定义为 $\tilde{s}_{D2} = \bar{s}_0\exp\left\{\frac{Q_{\mathrm{f}}a}{DA_0}\left[\exp\left(\frac{x}{a}\right)-1\right]\right\}\left(-\frac{\upsilon u_{\mathrm{f}}}{\omega D}\right)$。类似地，断面面积为

$$
\begin{aligned}
A &= Bh = B\left\{\bar{h}+\eta\left[\sin\ (\omega t+\varphi+\varepsilon)+\beta_{\mathrm{A}}\sin\ \left(\frac{\omega t}{2}+\varphi+\phi+\varepsilon_1\right)\right]\right\} \\
&= \bar{A}\left\{1+\eta/\bar{h}\left[\sin\ (\omega t+\varphi+\varepsilon)+\beta_{\mathrm{A}}\sin\ \left(\frac{\omega t}{2}+\varphi+\phi+\varepsilon_1\right)\right]\right\}
\end{aligned}
\tag{5.20}
$$

式中，ε_1 为全日潮潮汐振幅与潮流流速相位差；β_{A} 为全日潮对半日潮潮汐振幅的比率，$\beta_{\mathrm{A}} = \eta_{D1}/\eta_{D2}$。其中，半日潮的盐潮汐振幅定义为 $\eta_{D2} = \eta$。径流流速即可近似表示为

$$
\begin{aligned}
u_{\mathrm{f}} &= \frac{Q_{\mathrm{f}}}{A} = \frac{Q_{\mathrm{f}}}{B\left\{\bar{h}+\eta\left[\sin\ (\omega t+\varphi+\varepsilon)+\beta_{\mathrm{A}}\sin\ \left(\frac{\omega t}{2}+\varphi+\phi+\varepsilon_1\right)\right]\right\}} \\
&= \kappa\frac{Q_{\mathrm{f}}}{\bar{A}}\left\{1-\eta/\bar{h}\left[\sin\ (\omega t+\varphi+\varepsilon)+\beta_{\mathrm{A}}\sin\ \left(\frac{\omega t}{2}+\varphi+\phi+\varepsilon_1\right)\right]\right\} \\
&= \kappa\bar{u}_{\mathrm{f}} - \kappa\bar{u}_{\mathrm{f}}\eta/\bar{h}\left[\sin\ (\omega t+\varphi+\varepsilon)+\beta_{\mathrm{A}}\sin\ \left(\frac{\omega t}{2}+\varphi+\phi+\varepsilon_1\right)\right]
\end{aligned}
\tag{5.21}
$$

则断面平均流速可以表示为

$$
\begin{aligned}
u &= u_f + U_1 \\
&= \kappa\overline{u}_f + \upsilon\left[\cos\ (\omega t+\varphi) + \beta_t \cos\ \left(\frac{\omega t}{2}+\varphi+\phi\right)\right] - \\
&\quad \kappa\overline{u}_f\eta/\overline{h}\left[\sin\ (\omega t+\varphi+\varepsilon) + \beta_A \sin\ \left(\frac{\omega t}{2}+\varphi+\phi+\varepsilon_1\right)\right]
\end{aligned} \tag{5.22}
$$

式中，β_t 是全日潮流速对半日潮流速振幅的比率，$\beta_t = \upsilon_{D1}/\upsilon_{D2}$，定义 $\upsilon_{D2} = \upsilon$。河口断面面积受潮动力的影响，随潮汐振幅变化呈现周期变化的特征可表示为

$$
A = \overline{A} + A_1 = \overline{A} + B\eta\left[\sin\ (\omega t+\varphi+\varepsilon) + \beta_A \sin\ \left(\frac{\omega t}{2}+\varphi+\phi+\varepsilon_1\right)\right] \tag{5.23}
$$

对于不规则半日潮河口，考虑半日潮、全日潮作用，则式(5.11)中各盐度通量输运机制可以进一步解析，全潮周期积分。由欧拉余流作用引起的平流输运盐度通量 F_1 与规则半日潮河口一致，见式(5.12)，表示为

$$
\begin{aligned}
F_1 &= \kappa\overline{s}\overline{u}_f\overline{A} = \overline{s}_0 \exp\left\{\frac{Q_f a}{DA_0}\left[\exp\left(\frac{x}{a}\right) - 1\right]\right\}\kappa\overline{u}_f\overline{A} \\
&= \overline{s}_0 \exp\left\{\frac{Q_f a}{DA_0}\left[\exp\left(\frac{x}{a}\right) - 1\right]\right\}\kappa Q_f
\end{aligned}
$$

全日潮和半日潮共同作用下，斯托克斯漂流作用引起的盐度通量输运表达式为

$$
\begin{aligned}
F_2 &= \overline{s}\,\frac{1}{2T}\int_0^{2T} A_1 U_1 \,\mathrm{d}t \\
&= \frac{\overline{s}}{2T}\int_0^{2T}\left\{\begin{aligned}
&B\eta\left[\sin\ (\omega t+\varphi+\varepsilon) + \beta_A \sin\ \left(\frac{\omega t}{2}+\varphi+\phi+\varepsilon_1\right)\right] \\
&\left(\begin{aligned}
&\upsilon\left[\cos\ (\omega t+\varphi) + \beta_t \cos\ \left(\frac{\omega t}{2}+\varphi+\phi\right)\right] - \\
&\kappa\overline{u}_f\eta/\overline{h}\left[\sin\ (\omega t+\varphi+\varepsilon) + \beta_A \sin\ \left(\frac{\omega t}{2}+\varphi+\phi+\varepsilon_1\right)\right]
\end{aligned}\right)
\end{aligned}\right\}\mathrm{d}t \\
&= \frac{\overline{s}B\eta}{2T}\int_0^{2T}\left\{\frac{\upsilon}{2}[\sin\ (2\omega t+2\varphi+2\varepsilon) + \sin\varepsilon] + \right. \\
&\quad \frac{\upsilon\beta_A}{2}\left[\sin\ \left(\frac{3\omega t}{2}+2\varphi+\phi+\varepsilon_1\right) + \sin\ \left(-\frac{\omega t}{2}+\phi+\varepsilon_1\right)\right] +
\end{aligned}
$$

$$\frac{\upsilon\beta_t}{2}\left[\sin\left(\frac{3\omega t}{2}+2\varphi+\varepsilon\right)+\sin\left(\frac{\omega t}{2}+\varepsilon-\phi\right)\right]-$$

$$\frac{\kappa\bar{u}_f\eta/\bar{h}}{2}[1-\cos(2\omega t+2\varphi+2\varepsilon)]+\frac{\upsilon\beta_t\beta_A}{2}[\sin(\omega t+2\varphi+2\phi+\varepsilon_1)+$$

$$\sin\varepsilon_1]+\frac{\beta_A^2\kappa\bar{u}_f\eta/\bar{h}}{2}[1-\cos(\omega t+2\varphi+2\varepsilon_1)]+\beta_A\kappa\bar{u}_f\eta/\bar{h}\left[\cos\left(\frac{3\omega t}{2}+\right.\right.$$

$$\left.\left.2\varphi+\phi+\varepsilon_1+\varepsilon\right)-\cos\left(\frac{\omega t}{2}+\varepsilon-\phi-\varepsilon_1\right)\right]\Bigg\}\mathrm{d}t$$

$$=\frac{\bar{s}B\eta}{2}(\upsilon\sin\varepsilon-\kappa\bar{u}_f\eta/\bar{h}+\upsilon\beta_t\beta_A\sin\varepsilon_1-\beta_A^2\kappa\bar{u}_f\eta/\bar{h})$$

$$=\frac{\bar{s}_0B\eta}{2}\exp\left\{\frac{Q_fa}{DA_0}\left[\exp\left(\frac{x}{a}\right)-1\right]\right\}(\upsilon\sin\varepsilon-\kappa\bar{u}_f\eta/\bar{h}+\upsilon\beta_t\beta_A\sin\varepsilon_1-$$

$$\beta_A^2\kappa\bar{u}_f\eta/\bar{h})\tag{5.24}$$

式中，β_t 表示的是全日潮的潮流速与半日潮的潮流速之比值，β_A 表示的是全日潮分潮振幅和半日潮的分潮振幅之比值。全日潮和半日潮共同作用下，潮汐潮泵动力机制引发的三项盐度输运通量表达式分别为

$$F_3=\kappa\bar{u}_f\frac{1}{2T}\int_0^{2T}A_1S_1\mathrm{d}t$$

$$=\kappa\bar{u}_fB\eta\bar{s}\left(-\frac{\upsilon\bar{u}_f}{\omega D}\right)\frac{1}{2T}\int_0^{2T}\left(\begin{aligned}&-\frac{1}{2}[\cos(2\omega t+2\varphi+\varepsilon)-\cos\varepsilon]\\&-\frac{\beta_s}{2}\left[\cos\left(\frac{3\omega t}{2}+2\varphi+\phi+\varepsilon\right)-\cos\left(\frac{\omega t}{2}-\phi+\varepsilon\right)\right]\\&-\frac{\beta_A\beta_s}{2}[\cos(\omega t+2\varphi+2\phi+\varepsilon_1)-\cos\varepsilon_1]\\&-\frac{\beta_A}{2}\left[\cos\left(\frac{3\omega t}{2}+2\varphi+\phi+\varepsilon_1\right)-\cos\left(-\frac{\omega t}{2}+\phi+\varepsilon_1\right)\right]\end{aligned}\right)\mathrm{d}t$$

$$=\frac{1}{2}\kappa B\eta\bar{s}_0\exp\left\{\frac{Q_fa}{DA_0}\left[\exp\left(\frac{x}{a}\right)-1\right]\right\}\left(-\frac{\upsilon\bar{u}_f^2}{\omega D}\right)(\cos\varepsilon+\beta_A\beta_s\cos\varepsilon_1)\tag{5.25}$$

$$F_4=\bar{A}\frac{1}{2T}\int_0^{2T}U_1S_1\mathrm{d}t$$

$$=\bar{A}\frac{1}{2T}\int_0^{2T}\left\{\begin{aligned}&\left[\begin{aligned}&\upsilon\left[\cos(\omega t+\varphi)+\beta_t\cos\left(\frac{\omega t}{2}+\varphi+\phi\right)\right]-\\&\kappa\bar{u}_f\eta/\bar{h}\left(\begin{aligned}&\sin(\omega t+\varphi+\varepsilon)+\\&\beta_A\sin\left(\frac{\omega t}{2}+\varphi+\phi+\varepsilon_1\right)\end{aligned}\right)\end{aligned}\right]\\&\bar{s}_0\exp\left\{\frac{Q_f a}{DA_0}\left[\exp\left(\frac{x}{a}\right)-1\right]\right\}\left(-\frac{\upsilon u_f}{\omega D}\right)\\&\left[\sin(\omega t+\varphi)+\beta_s\sin\left(\frac{\omega t}{2}+\varphi+\phi\right)\right]\end{aligned}\right\}\mathrm{d}t$$

$$=\bar{A}\bar{s}\left(-\frac{\upsilon u_f}{\omega D}\right)\frac{1}{2T}\int_0^{2T}\left\{\begin{aligned}&\frac{\upsilon}{2}\beta_s\left[\sin\left(\frac{3\omega t}{2}+2\varphi+\phi\right)-\sin\left(\frac{\omega t}{2}-\phi\right)\right]+\\&\frac{\upsilon}{2}\beta_t\beta_s\sin(\omega t+2\varphi+2\phi)+\frac{\upsilon}{2}\sin(2\omega t+2\varphi)+\\&\frac{\upsilon}{2}\beta_t\left[\sin\left(\frac{3\omega t}{2}+2\varphi+\phi\right)-\sin\left(-\frac{\omega t}{2}+\phi\right)\right]+\\&\frac{1}{2}\kappa\beta_A\bar{u}_f\eta/\bar{h}\left(\begin{aligned}&\sin\left(\frac{3\omega t}{2}+2\varphi+\phi+\varepsilon_1\right)-\\&\cos\left(-\frac{\omega t}{2}+\phi+\varepsilon_1\right)\end{aligned}\right)+\\&\frac{1}{2}\kappa\beta_s\bar{u}_f\eta/\bar{h}\left(\begin{aligned}&\cos\left(\frac{3\omega t}{2}+2\varphi+\phi+\varepsilon\right)-\\&\cos\left(\frac{\omega t}{2}+\varepsilon-\phi\right)\end{aligned}\right)+\\&\frac{1}{2}\kappa\beta_A\beta_s\bar{u}_f\eta/\bar{h}[\cos(\omega t+2\varphi+2\phi+\varepsilon_1)-\cos\varepsilon_1]+\\&\frac{1}{2}\kappa\bar{u}_f\eta/\bar{h}[\cos(2\omega t+2\varphi+\varepsilon)-\cos\varepsilon]\end{aligned}\right\}\mathrm{d}t$$

$$=-\frac{1}{2}\bar{A}\bar{s}_0\exp\left\{\frac{Q_f a}{DA_0}\left[\exp\left(\frac{x}{a}\right)-1\right]\right\}\left(-\frac{\upsilon u_f}{\omega D}\right)(\cos\varepsilon+\beta_A\beta_s\cos\varepsilon_1)\kappa\bar{u}_f\eta/\bar{h} \tag{5.26}$$

$$F_5=\frac{1}{2T}\int_0^{2T}A_1U_1S_1\,\mathrm{d}t$$

$$=\frac{1}{2T}\int_0^{2T}\left\{\begin{array}{l}\left(\begin{array}{l}\upsilon\left[\cos\ (\omega t+\varphi)+\beta_t\cos\left(\frac{\omega t}{2}+\varphi+\phi\right)\right]-\\ \bar{u}_f\eta/\bar{h}\left[\sin\ (\omega t+\varphi+\varepsilon)+\beta_A\sin\left(\frac{\omega t}{2}+\varphi+\phi+\varepsilon_1\right)\right]\end{array}\right)\\ \bar{s}_0\exp\left\{\frac{Q_f a}{DA_0}\left[\exp\left(\frac{x}{a}\right)-1\right]\right\}\left(-\frac{\upsilon u_f}{\omega D}\right)\left(\begin{array}{l}\sin\ (\omega t+\varphi)+\\ \beta_s\sin\left(\frac{\omega t}{2}+\varphi+\phi\right)\end{array}\right)\\ B\eta\left[\sin\ (\omega t+\varphi+\varepsilon)+\beta_A\sin\left(\frac{\omega t}{2}+\varphi+\phi+\varepsilon_1\right)\right]\end{array}\right\}\mathrm{d}t$$

$$=B\eta\bar{s}_0\exp\left\{\frac{Q_f a}{DA_0}\left[\exp\left(\frac{x}{a}\right)-1\right]\right\}\left(-\frac{\upsilon u_f}{\omega D}\right)\left(\begin{array}{l}\frac{\upsilon}{4}\beta_A\beta_s\cos\ (\varphi+2\phi+\varepsilon_1)+\\ \frac{\upsilon}{4}\beta_t\beta_s\cos\ (\varphi+2\phi-\varepsilon)+\\ \frac{\upsilon}{4}\beta_A\beta_t\cos\ (\varphi+2\phi+\varepsilon_1)-\\ \frac{\kappa\bar{u}_f\eta/\bar{h}}{4}\beta_A^2\sin\ (\varphi+2\phi+2\varepsilon_1)-\\ \frac{\kappa\bar{u}_f\eta/\bar{h}}{2}\beta_A\beta_s\sin\ (\varphi+2\phi+\varepsilon_1-\varepsilon)\end{array}\right)\tag{5.27}$$

不规则半日潮河口，考虑全日潮和半日潮共同作用情况，盐度通量输运机制的解析表达式即为式(5.12)、式(5.23)、式(5.24)、式(5.25)和式(5.26)。与规则半日潮河口盐度通量输运机制表达式相比，欧拉输运机制贡献未改变，其余与潮动力相关的输运机制，除了受到原本潮流、潮汐和两者相位差之影响以外，半日潮和全日潮的相对强度及运动过程关系对区域盐度输运机制也起到重要作用。尤其值得注意的是，F_5在不规则半日潮河口作用不再为0，其大小由半日潮和全日潮的相对关系决定，潮汐潮泵作用机制对盐度输运作用增强。

结合上一章基于非稳态盐度扩散模型确定的盐度周期变化规律，下文将基于实测盐度、地形和水位数据，分析虎门潮周期盐度输运机制的时空特性。

5.2 虎门小潮期间盐度通量输运机制

5.2.1 输运机制解析式参数

河口的形状特征参数的确定在第二章已有较详细的描述，此处依旧沿用冲积河口的指数收敛特征，潮周期平均的河口断面面积、河口宽度以及水深沿程变化函数表达式为

$$\bar{A} = \bar{A}_0 \exp(-x/a) \tag{5.28}$$

$$\bar{B} = \bar{B}_0 \exp(-x/b) \tag{5.29}$$

$$\bar{h} = \bar{h}_0 \exp(-x/d) \tag{5.30}$$

本文不考虑水道宽度受潮影响的变化，所以下文中提及的潮周期平均河口宽度直接用 B 表示。虎门形状参数采用实测水文数据拟合率定，如图 3.2 所示。虎门的口门断面面积 $\bar{A}_0$ 为 37 822 m^2，河口断面面积收敛长度 a 为 16.7 km；口门宽度 B 为 3 288 m，河口宽度收敛长度 b 为 25.7 km；口门水深 $\bar{h}_0$ 为 11.5 m，河口宽度收敛长度 d 为 50 km。

从上一章的研究发现，虎门小潮期间半日潮过程特征明显，所以本节中潮汐动力按半日潮特性处理。口门的潮振幅通过 1 月 31 日的水位过程率定，如图 5.1 所示，平均振幅 η 取 0.7 m，初始相位 $\varphi+\varepsilon$ 为 0，水深随时间变化为

$$h = \bar{h} + 0.7\sin(\omega t) \tag{5.31}$$

小潮期间作半日潮特征，则河口盐度的时空变化过程可表示为

$$s = \bar{s}_0 \exp\left\{\frac{Q_f a}{DA_0}\left[\exp\left(\frac{x}{a}\right) - 1\right]\right\}\left[1 - \frac{\upsilon \bar{u}_f}{\omega D}\sin\left(\omega t + \varphi\right)\right] \tag{5.32}$$

已知河口的潮流振幅与潮程间的关系：

$$\upsilon = \frac{E\pi}{T} \tag{5.33}$$

所以，盐度表达式可改写为

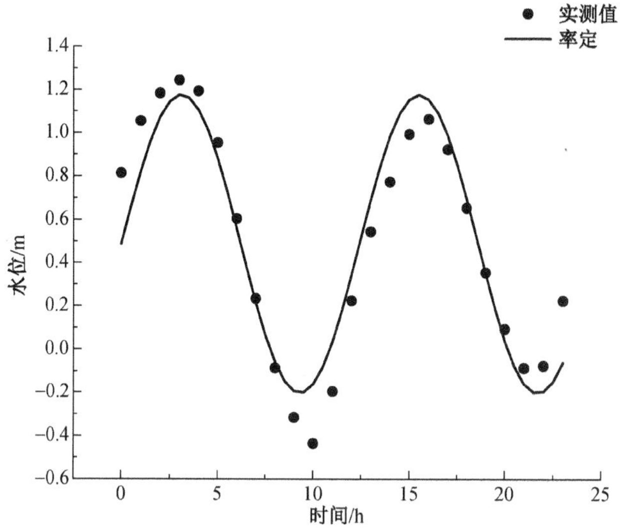

图 5.1　小潮期大虎站的水位变化过程

$$s=\bar{s}_0\exp\left\{\frac{Q_f a}{DA_0}\left[\exp\left(\frac{x}{a}\right)-1\right]\right\}\left\{1+\frac{E}{2a}\left[-\frac{Q_f a}{DA_0}\exp\left(\frac{x}{a}\right)\right]\sin(\omega t+\varphi)\right\} \tag{5.34}$$

式中，潮程、扩散系数、初始相位等相关参数可用实测数据率定，率定结果如图5.2所示。通过盐度实测资料率定，确定小潮期虎门潮流速为0.6 m/s，流速的初始相位 φ 为−0.7，则潮流与潮汐相位差 ε 为0.7。

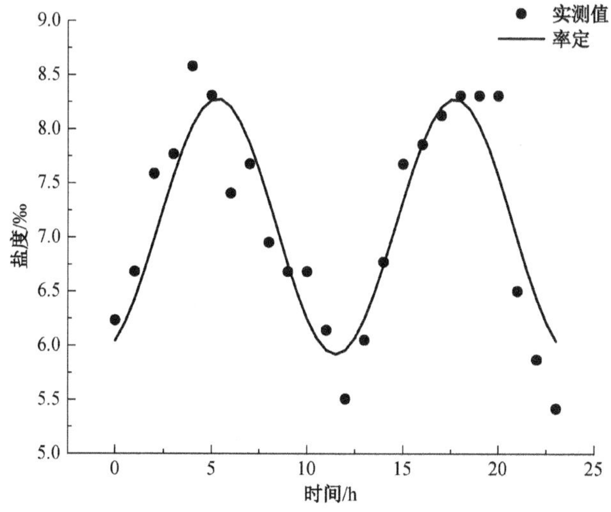

图 5.2　小潮大盛站点的盐度过程的率定

5.2.2 输运机制空间变化特征

选定2005年1月31日的数据为小潮代表数据。沿程选定站点大虎、泗盛围、漳澎、麻涌、大盛、黄埔右，分别用式(5.12)、式(5.14)、式(5.15)、式(5.16)和式(5.17)计算在一个半日潮周期内盐度通量机制的变化(见表5.1)。通量机制分为两个部分，径流作用引起的平流扩散 F_L，包括余流和斯托克斯漂流两部分，潮泵作用 F_P，包括 F_3、F_4、F_5。

$$
\begin{aligned}
F_L &= F_1 + F_2 \\
&= \bar{s}_0 \exp\left\{\frac{Q_f a}{DA_0}\left[\exp\left(\frac{x}{a}\right)-1\right]\right\}\kappa\bar{u}_f\bar{A} + \\
&\quad \frac{\bar{s}_0 B\eta}{2}\exp\left\{\frac{Q_f a}{DA_0}\left[\exp\left(\frac{x}{a}\right)-1\right]\right\}(\upsilon\sin\varepsilon - \kappa\bar{u}_f\eta/\bar{h})
\end{aligned}
\tag{5.35}
$$

$$
\begin{aligned}
F_P &= F_3 + F_4 + F_5 \\
&= \frac{1}{2}\kappa B\eta\bar{s}_0\exp\left\{\frac{Q_f a}{DA_0}\left[\exp\left(\frac{x}{a}\right)-1\right]\right\}\left(-\frac{\upsilon\bar{u}_f^2}{\omega D}\right)\cos\varepsilon \\
&\quad -\frac{1}{2}\bar{s}_0\exp\left\{\frac{Q_f a}{DA_0}\left[\exp\left(\frac{x}{a}\right)-1\right]\right\}\left(-\frac{\upsilon\bar{u}_f}{\omega D}\right)\kappa\cos\varepsilon Q_f\eta/\bar{h}
\end{aligned}
\tag{5.36}
$$

表5.1 小潮期间虎门盐度通量输运机制分解

	大虎	泗盛围	漳澎	麻涌	大盛	黄埔右
F_1/(Psu·m^3/s)	−5 553.45	−4 970.78	−4 216.94	−3 402.21	−2 619.90	−961.00
F_2/(Psu·m^3/s)	6 704.82	3 996.15	4 164.55	2 072.90	1 080.24	417.52
平流 F_L/(Psu·m^3/s)	1 151.37	−974.63	−52.38	−1 329.31	−1 539.66	−543.48
F_3/(Psu·m^3/s)	−13.31	−13.78	−23.21	−11.95	−7.71	−5.43
F_4/(Psu·m^3/s)	13.31	13.79	23.25	11.95	7.73	5.43
F_5/(Psu·m^3/s)	0.00	0.00	0.00	0.00	0.00	0.00

续表

	大虎	泗盛围	漳澎	麻涌	大盛	黄埔右
潮泵 F_P/($Psu \cdot m^3/s$)	0.00	0.00	0.04	0.00	0.03	0.00
通量/($Psu \cdot m^3/s$)	1 151.37	−974.63	−52.34	−1 329.31	−1 539.63	−543.47

2005 年 1 月 29 日西江调水压咸，虎门来流量也有一定的增加，从表 5.1 中数据可以看出一定的压咸效果。口门大虎站点周期盐度通量向陆，受潮控制。潮汐运动引起的斯托克斯漂流作用较欧拉余流作用更大，这主要是由口门径流流速较小的原因造成的。可以看出，1 月 31 日小潮期间，虎门平流输运是主导动力输运机制，潮汐潮泵作用几乎为 0。小潮期间，虎门的潮泵效应相对于平流输运作用对盐度通量的影响很小，其中，盐度脉动和潮流脉动引起的输运与潮汐脉动引起的输运大小相近，方向相反。

欧拉余流输运的盐度通量从口门沿程逐渐变小，主要是由于潮动力的衰减致使上游盐度减小所引起。从图 5.3 可知，欧拉余流引起的盐度通量输运衰减率在口门处较小，随后从口门的 10%增加到大盛站点的 23%，此变化规律跟前文所述的盐水入侵过程中盐度衰减规律一致，可证明欧拉余流效应衰减是受盐度沿程变化过程特征之影响。特别是在黄埔右站点，欧拉余流输运的盐度通量出现了极速的衰减，盐度通量减少超过 60%，这正是因为虎门多源径流的动力特征，东江径流作用减弱致使余流的减小而直接导致黄埔右盐度输运量的锐减。

斯托克斯漂流输运的盐度通量沿程变化趋势基本也是保持单调的衰减过程，除了在漳澎处存在一个微小的奇点(见图 5.3)，从解析式 $F_2 = 0.5\bar{s}B\eta(\upsilon\sin\varepsilon - \kappa\bar{u}_f\eta/\bar{h})$ 分析，此处的突变很可能是由漳澎河道断面宽度的不规则变化(水面突然增宽)所引起的。斯托克斯漂流作用输运的盐度通量沿程衰减较快，主要跟虎门水道断面基本成指数衰减的规律相关。从图 5.3 可见，下游平流输运盐度通量沿程变化规律与斯托克斯漂流输运盐度通量变化规律较为一致，说明小潮期间虎门下游盐度通量沿程输运变化与河口地貌特征相关性更大。

值得注意的是，虽然上游的盐度通量输运方向向海，但是却存在上游(麻涌)比下游(漳澎)的输运盐度通量多的现象。这个现象说明上游的盐度在潮周期内并未随落潮及时下泄，而是被“困在”漳澎与麻涌之间，很有可能是由潮汐捕捉机

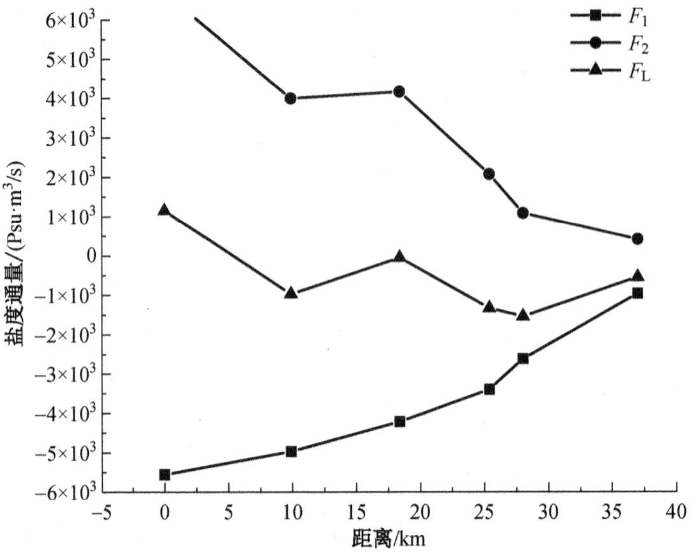

图 5.3　小潮期间盐度通量沿程变化规律

制(tidal trapping)造成的,同时也是虎门上游盐水难退的原因之一。

为更清晰地分析动力因子对盐度输运的直接作用,尽量忽略断面收敛的地貌效应对盐度通量输运的影响,计算了小潮期虎门单宽盐度通量沿程的输运机制变化过程,如表 5.2 所示。

表 5.2　小潮期间虎门单宽盐度通量输运机制分解

	大虎	泗盛围	漳澎	麻涌	大盛	黄埔右
F_1/(Psu·m²/s)	−1.69	−2.27	−1.58	−2.06	−2.35	−1.98
F_2/(Psu·m²/s)	2.04	1.83	1.56	1.26	0.97	0.86
平流 F_L/(Psu·m²/s)	0.35	−0.45	−0.02	−0.81	−1.38	−1.12
F_3/(Psu·m²/s)	0.00	−0.01	−0.01	−0.01	−0.01	−0.01
F_4/(Psu·m²/s)	0.00	0.01	0.01	0.01	0.01	0.01

续表

	大虎	泗盛涠	漳澎	麻涌	大盛	黄埔右
F_5/(Psu·m^2/s)	0.00	0.00	0.00	0.00	0.00	0.00
潮泵 F_P/(Psu·m^2/s)	0.00	0.00	0.00	0.00	0.00	0.00
通量/(Psu·m^2/s)	0.35	−0.45	−0.02	−0.81	−1.38	−1.12

从小潮期间虎门盐度单宽通量机制分解的变化规律看，口门处依旧是斯托克斯漂流作用占优，单宽盐度通量向岸输运。去除水道断面变化影响后，斯托克斯漂流作用输运机制的沿程变化呈现单调递减(见图 5.4)。欧拉余流作用引起的单宽盐度通量由径流流速和水深决定。口门单宽盐度通量小的原因在于流速。沿程余流流速变化不大，而水深变化却因为挖沙等原因变得极不规律，在泗盛涠为 9.9 m，沿程向上漳澎为 5 m，麻涌为 7.85m，大盛为 9.3 m，所以欧拉余流效应输运的单宽盐度通量受水深影响变化无规律。斯托克斯漂流作用的单宽盐度通量受盐度变化控制，沿程呈现单调递减规律。单宽盐度通量也存在上游盐度高于下游的情况，主要是由水深效应造成的。黄埔右站点与其他站点规律不同的原因在于多源动力造成的余流差异。

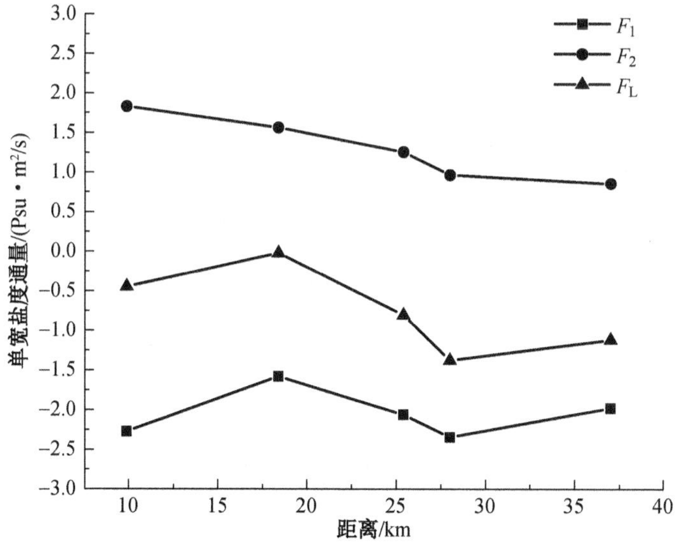

图 5.4　小潮期间单宽盐度通量沿程变化规律

5.3 虎门大潮期间盐度输运机制

5.3.1 输运机制解析式参数

大潮期间，虎门全日潮和半日潮的混合潮特征明显，所以本节基于混合潮特性分析虎门大潮期间的盐度通量输运机制。选定 2005 年 1 月 24 日的数据为大潮代表数据。潮汐过程可以表达为

$$h=\bar{h}+\eta\left[\sin(\omega t+\varphi+\varepsilon)+\beta_A\sin\left(\frac{\omega t}{2}+\varphi+\phi+\varepsilon_1\right)\right] \tag{5.37}$$

通过水位数据率定大潮期间的潮振幅，如图 5.5 所示。大潮期间的潮振幅可以表示为

$$h=\bar{h}+0.6\left[\sin(\omega t+2.08)+1.33\sin\left(\frac{\omega t}{2}+2.56\right)\right] \tag{5.38}$$

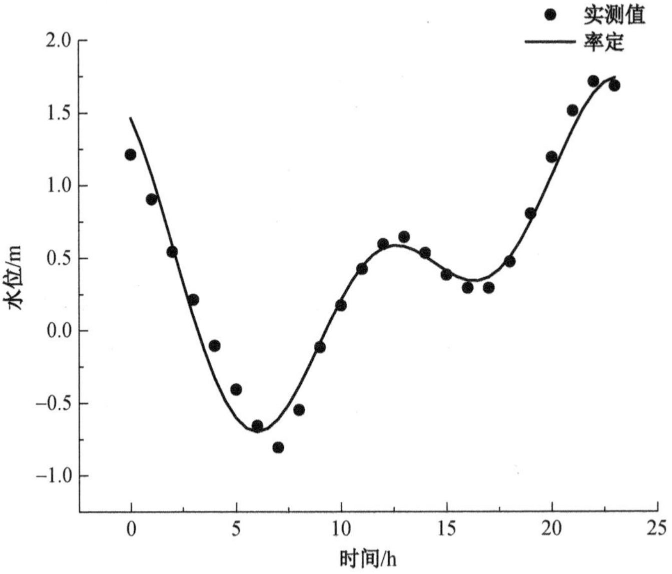

图 5.5 大潮期间大虎站的水位变化过程

可以确定半日潮振幅为 0.6 m，全日潮潮汐振幅相对系数 $\beta_A=1.33$，初始

相位 $\varphi+\varepsilon$ 为 2.08，$\varphi+\phi+\varepsilon_1$ 为 2.56。

从上一章研究结果得到混合潮盐度变化过程为

$$s=\bar{s}_0\exp\left\{\frac{Q_f a}{DA_0}\left[\exp\left(\frac{x}{a}\right)-1\right]\right\}\left\{1+\frac{E}{2a}\left[-\frac{Q_f a}{DA_0}\exp\left(\frac{x}{a}\right)\right]\right.$$
$$\left.\left[\sin\ (\omega t+\varphi)+\beta_s\sin\ \left(\frac{\omega t}{2}+\varphi+\phi\right)\right]\right\} \tag{5.39}$$

混合潮潮流流速过程为

$$u_t=\upsilon\left[\cos\ (\omega t+\varphi)+\beta_t\cos\ \left(\frac{\omega t}{2}+\varphi+\phi\right)\right] \tag{5.40}$$

流速率定，确定全日潮流速振幅相对系数 β_t 为 0.8，半日潮潮流速的初始相位 φ 为 1.3，全日潮流速初始相位 $\varphi+\phi$ 为 2.0，全日潮盐度振幅相对系数 β_s 为 0.8。率定结果如图 5.6 和图 5.7 所示。

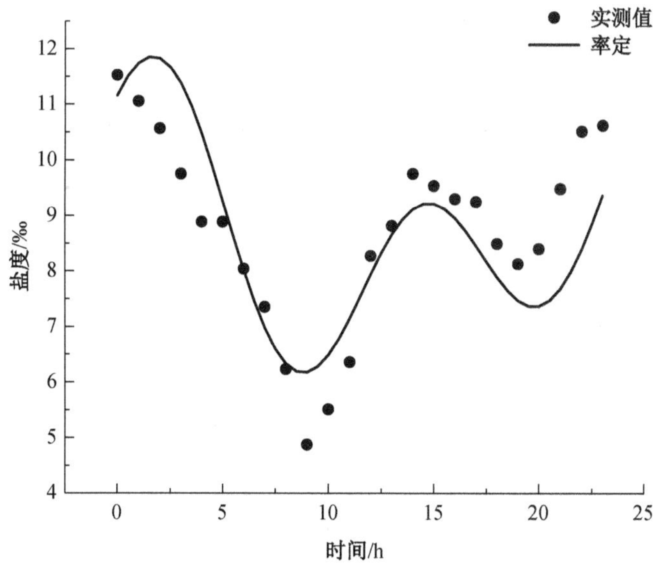

图 5.6　大潮期间大盛站点的盐度过程的率定

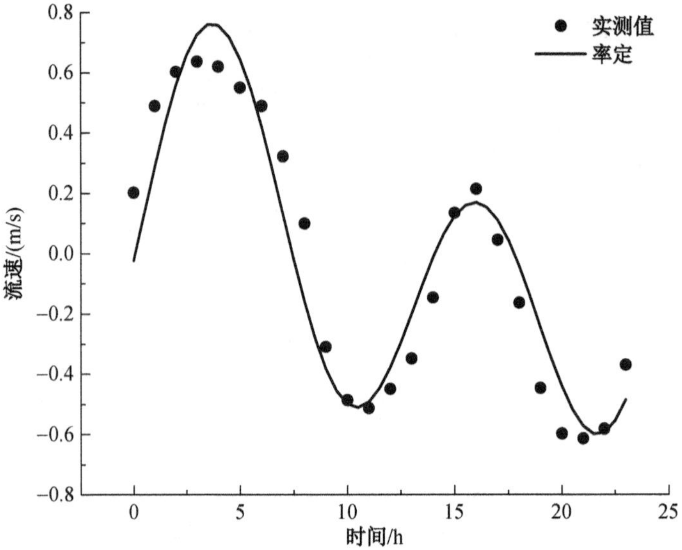

图 5.7　大潮期间大虎站点的流速过程的率定

5.3.2　输运机制空间变化特征

选定 2005 年 1 月 24 日的数据为大潮代表数据。沿程选定站点大虎、泗盛涠、漳澎、麻涌、大盛、黄埔右，分别用式(5.12)、式(5.24)、式(5.25)、式(5.26)和式(5.27)计算一个全日潮周期内盐度通量机制的变化。考虑全日潮和半日潮混合潮动力特征与规则半日潮相似，将盐度通量输运机制分为平流效应以及潮泵效应，研究假设垂向完全混合，故不考虑垂向变化相关项。余流引起的平流输运 F_L 包括欧拉余流效应输运和斯托克斯漂流效应输运两部分：

$$\begin{aligned}F_L &= F_1 + F_2 \\ &= \bar{s}_0 \exp\left\{\frac{Q_f a}{DA_0}\left[\exp\left(\frac{x}{a}\right)-1\right]\right\}\kappa\bar{u}_f\bar{A} \\ &\quad + \frac{\bar{s}_0 B\eta}{2}\exp\left\{\frac{Q_f a}{DA_0}\left[\exp\left(\frac{x}{a}\right)-1\right]\right\}(\upsilon\sin\varepsilon - \kappa\bar{u}_f\eta/\bar{h} + \upsilon\beta_t\beta_A\sin\varepsilon_1 - \beta_A^2\kappa\bar{u}_f\eta/\bar{h})\end{aligned} \tag{5.41}$$

潮汐潮泵效应 F_P 包括 F_3、F_4、和 F_5，与小潮期半日潮作用不同，混合潮之间的相互作用相位、动力作用，使得盐度、潮流和潮汐脉动产生的输运动力不再为0，即 F_5 不为 0。

$$F_P = F_3 + F_4 + F_5$$

$$= \frac{1}{2}\kappa B\eta\bar{s}_0 \exp\left\{\frac{Q_f a}{DA_0}\left[\exp\left(\frac{x}{a}\right)-1\right]\right\}\left(-\frac{\upsilon\bar{u}_f^2}{\omega D}\right)(\cos\varepsilon + \beta_A\beta_s\cos\varepsilon_1)$$

$$-\frac{1}{2}\bar{A}\bar{s}_0 \exp\left\{\frac{Q_f a}{DA_0}\left[\exp\left(\frac{x}{a}\right)-1\right]\right\}\left(-\frac{\upsilon u_f}{\omega D}\right)(\cos\varepsilon + \beta_A\beta_s\cos\varepsilon_1)\kappa\bar{u}_f\eta/\bar{h}$$

$$+ B\eta\bar{s}_0 \exp\left\{\frac{Q_f a}{DA_0}\left[\exp\left(\frac{x}{a}\right)-1\right]\right\}\left(-\frac{\upsilon u_f}{\omega D}\right)\left(\begin{array}{l}\frac{\upsilon}{4}\beta_A\beta_s\cos(\varphi + 2\phi + \varepsilon_1) + \\ \frac{\upsilon}{4}\beta_t\beta_s\cos(\varphi + 2\phi - \varepsilon) + \\ \frac{\upsilon}{4}\beta_A\beta_t\cos(\varphi + 2\phi + \varepsilon_1) - \\ \frac{\kappa\bar{u}_f\eta/\bar{h}}{4}\beta_A^2\sin(\varphi + 2\phi + 2\varepsilon_1) - \\ \frac{\kappa\bar{u}_f\eta/\bar{h}}{2}\beta_A\beta_s\sin(\varphi + 2\phi + \varepsilon_1 - \varepsilon)\end{array}\right) \tag{5.42}$$

大潮期间虎门盐度通量输运机制分解结果如表 5.3 所示。大潮期间，拉格朗日平流输运依旧是虎门盐度输运的主导机制。大潮时期（2005 年 1 月 24 日）虎门上游还未进行调水压咸工程，仍处于旱枯状态，所以较小潮期间欧拉余流输运作用有些许的减弱。随着大潮时期潮动力的增强，潮振幅、潮流速振幅也随之增大，斯托克斯漂流输运效应明显增强，占输运机制的主导地位。综合欧拉余流和斯托克斯漂流的作用，拉格朗日余流输运盐度通量在虎门大部分站点朝向岸方向输运，包括虎门下游大虎站、泗盛涠站、漳澎站以及上游的黄埔右站，可见盐水入侵影响范围在大潮期增大。麻涌和大盛站点虽然潮周期盐度通量的输运方向向海，但是与小潮时期的特征一样，上游的输沙量大于下游，说明在一个潮周期内，大盛与麻涌之间“聚集”不少盐分无法下泄，潮汐捕捉效应进一步加剧了虎门的盐水入侵现象。

表 5.3 大潮期间虎门盐度通量输运机制分解

	大虎	泗盛围	漳澎	麻涌	大盛	黄埔右
F_1/(Psu·m³/s)	−5 464.80	−4 603.50	−3 742.20	−3 118.50	−2 583.90	−464.10
F_2/(Psu·m³/s)	9 966.48	5 593.48	5 598.89	2 875.14	1 612.30	632.90
平流 F_L/(Psu·m³/s)	4 501.68	989.98	1 856.69	−243.36	−971.60	168.80
F_3/(Psu·m³/s)	−32.31	−31.49	−50.80	−27.03	−18.75	−6.46
F_4/(Psu·m³/s)	32.32	31.50	50.90	27.02	18.81	6.47
F_5/(Psu·m³/s)	−1 397.22	−782.23	−774.50	−399.87	−224.15	−87.34
潮泵 F_P/(Psu·m³/s)	−1 397.21	−782.22	−774.40	−399.89	−224.08	−87.33
通量/(Psu·m³/s)	3 104.47	207.76	1 082.29	−643.25	−1 195.68	81.47

如图 5.8 所示,大潮期间欧拉余流效应输运的盐度通量沿程的变化规律与小潮时期类似,是沿程不断衰减的,受到沿程盐度的减弱和径流动力改变的影响,分为两个衰减过程:大虎站至大盛站受盐度变化控制,变化较为平缓;大盛站至黄埔右站受径流动力变化的影响,周期输运盐度通量出现骤减。

大潮期间斯托克斯漂流输运的盐度通量沿程变化趋势基本也是保持了与小潮时期的一致性,漳澎站由于河道断面宽度的不规则变化,斯托克斯漂流效应盐度通量存在一个突增。大潮期间,虎门斯托克斯漂流效应在平流输运机制中占主导地位,促使周期盐度通量总体向陆输运,直接增强了河口盐水入侵强度。下游欧拉余流效应引起的盐度通量变化较为平缓,故平流输运效应沿程变化规律总体随斯托克斯漂流效应的变化而改变,与河口地形收敛效应相关。上游动力作用效应显著,欧拉余流效应输运盐度通量的骤减直接导致盐度通量平流输运量纵向变化剧烈,盐度通量输运方向改变。

F_3 是潮振幅脉动与盐度脉动引起的潮泵作用,F_4 是潮流脉动和盐度脉动引

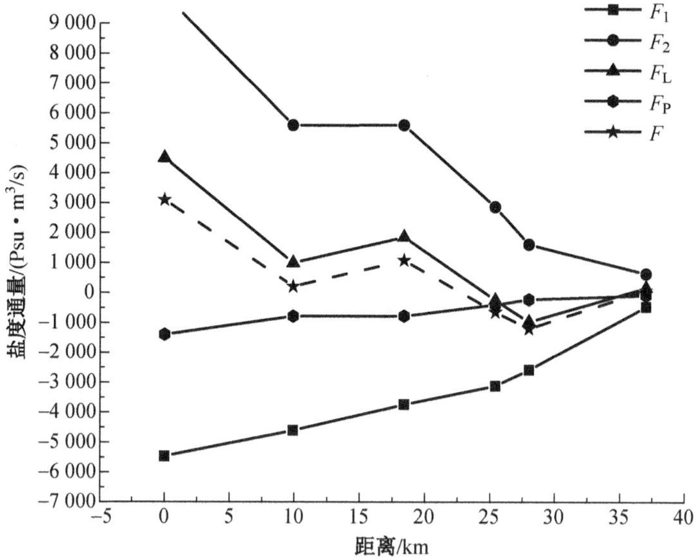

图 5.8　大潮期间盐度通量沿程变化规律

起的潮泵作用，两者的作用十分微小，且物理解析式显示两者作用正抵消。除了F_3和F_4，潮泵效应还包括潮流、潮汐和盐度三者脉动相互作用响应引起的盐度输运机制，在小潮期间，盐度和潮流相位差为90°，该项机制为0，无潮泵作用。在大潮期间，盐度和潮汐、潮流之间的相位相对关系变化复杂，虽然潮泵作用量值相对平流输运较小，但由F_5引起的潮泵效应对盐度通量的输运作用是明显的。在本组试验数据中，它的输运方向与欧拉余流一致，加剧了盐度通量的下泄。越往下游，潮泵效应对总的盐度通量输运度的贡献越显著(见图5.8)。

为尽量去除河道收敛的地形作用对输运盐度通量的影响，大潮期虎门单宽盐度通量沿程的输运机制变化过程如表5.4所示。大潮期间，欧拉余流效应输运的单宽盐度通量较小潮时期略微减弱，仅在黄埔右站点有较大幅度的变化，原因是相较小潮时期上游压咸径流增大，大潮时期黄埔右站点上游径流较弱。斯托克斯漂流效应对单宽盐度通量的输运作用增强显著，较小潮时期增幅近50%。故综合两者的关系，大潮期间实际拉格朗日余流对盐度的输运作用整体呈现由陆向海输运的特征。其中，麻涌和大盛站点欧拉余流效应占优，单宽盐度通量依旧向海输运，但是上游盐度通量大于下游盐度通量的现象，说明区域受到潮汐捕获的机制影响，盐水不易泄出口门。潮泵效应的单宽盐度输运量较小，但不可忽略，大潮期间虎门潮泵效应引起的盐度通量输运方向向海。潮泵效应输运盐度通量的方向由各分潮和盐度间的相对相位关系决定，而大小则由盐度、潮汐振幅及水道宽度决定。

表 5.4　大潮期间虎门单宽盐度通量输运机制分解

	大虎	泗盛围	漳澎	麻涌	大盛	黄埔右
F_1/(Psu·m²/s)	−1.66	−2.11	−1.40	−1.89	−2.31	−0.95
F_2/(Psu·m²/s)	3.03	2.56	2.10	1.74	1.44	1.30
平流 F_L/(Psu·m²/s)	1.37	0.45	0.70	−0.15	−0.87	0.35
F_3/(Psu·m²/s)	−0.01	−0.01	−0.02	−0.02	−0.02	−0.01
F_4/(Psu·m²/s)	0.01	0.01	0.02	0.02	0.02	0.01
F_5/(Psu·m²/s)	−0.42	−0.36	−0.29	−0.24	−0.20	−0.18
潮泵 F_P/(Psu·m²/s)	−0.42	−0.36	−0.29	−0.24	−0.20	−0.18
通量/(Psu·m²/s)	0.94	0.10	0.41	−0.39	−1.07	0.17

从大潮期间虎门盐度单宽通量机制分解的变化规律看(见图 5.9)，去除河口水道断面收敛效应影响后，与小潮时期一致，斯托克斯漂流作用输运机制的沿程变化呈现单调递减。欧拉余流效应输运的单宽盐度通量由径流流速和水深决定，麻涌、大盛和泗盛围站点水深大于漳澎站点，故欧拉余流效应输运的单宽盐度通量沿程变化变得较无规律。斯托克斯漂流效应输运的单宽盐度通量受盐度沿程变化控制单调递减。潮泵效应输运的盐度通量从口门向上沿程缓慢减弱。黄埔右站点平流输运效应沿程变化波动强烈是由于大潮期虎门上游径流不足所造成的。

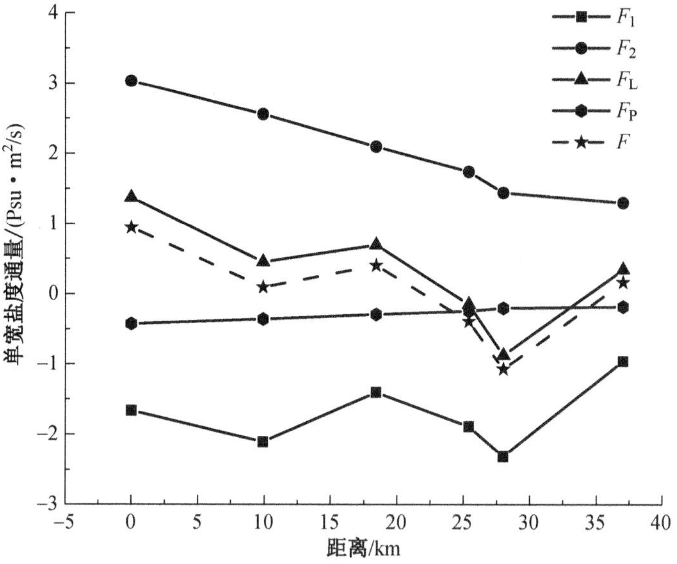

图 5.9　大潮期间单宽盐度通量沿程变化规律

5.4　本章小结

本章基于非稳态盐度扩散解析解，推求确定了盐度通量输运机制的解析表达式。盐度通量输运机制分为五项，分别为欧拉余流作用项、斯托克斯漂流作用项、盐度潮汐脉动作用项、盐度潮流脉动作用项、盐度潮流潮汐脉动作用项。其中，前两者共同构成拉格朗日平流输运，后三者共同构成潮汐潮泵作用输运。

分析输运机制的各解析式，发现盐度潮汐脉动作用项、盐度潮流脉动作用项两者的解析表达一致，且值的符号相反，说明这两种机制作用在盐度输运过程中相互抵消，盐度潮流潮汐脉动作用项即为盐度在输运过程中受到的潮汐潮泵作用的反映。研究发现在规则半日潮（全日潮）河口，盐度潮流潮汐脉动作用项对盐度的输运机制为 0，即无潮泵作用。在混合潮河口，潮泵作用机制受到盐度、潮流、潮汐三者间相位关系以及各分潮间相位振幅关系影响。

虎门小潮期间半日潮特征显著，平流输运为主要动力机制，欧拉余流输运占优，无潮泵作用影响，除口门外潮周期盐度通量整体向海输运。大潮期间全日潮和半日潮混合潮特征显著，平流输运为主要动力机制，斯托克斯漂流输运占优，潮泵作用对盐度通量输运作用明显，潮周期盐度通量整体呈向陆输运趋势。虎门存在上游盐度通量输运大于下游的现象，被称为潮汐捕获，该动力机制会阻扰盐水的正常下泄，进一步加剧河口盐水入侵现象。

第六章
结论与展望

本书研究主旨有两方面，一方面通过理论解析手段更深刻地理解变化动力下河口盐水入侵的时空扩散过程特征和盐度输运动力机制；另一方面针对河口动力作用构建可靠的盐水入侵解析模型，以达到快速预测、了解河口盐度扩散的时空变化规律。需要注意的是，在一维模型概化过程中，本文充分考虑了河口盐水入侵过程的实际动力情况。盐、淡水的混合与径、潮动力相关，径流越强河口盐、淡水分层越显著。因而，枯季强潮河口处于完全混合状态，盐度扩散纵向一维特性显著。本文研究正着眼于河口盐水入侵的纵向变化规律，是强潮河口典型的一维动力特性。研究结果表明，一维盐水入侵解析模型是快速了解未知河口盐度扩散特征的有效科学工具，也是快速预测河口咸潮灾害影响范围的高效工程应用工具。

6.1 结　论

本书从完善稳态解析模型到构建非稳态解析模型，从分析强潮河口盐度扩散特征到探知河口盐度输运机理，系列研究分为四章论述，研究的主要结论可概括为以下七点。

(1) 盐度扩散解析模型的关键在盐度扩散系数的确定，扩散系数取作常数或假设沿程改变是模型建立过程中常见的两种方法，对应模型分别称作定常盐度扩散模型和变常盐度扩散解析模型。本文通过多组实地测验数据研究了扩散系数作用的异同特性。结果表明，两种模型都可以准确模拟盐水入侵的过程趋势，模拟精度与实测数据量相关。其中，定常盐度扩散解析模型更善于分析河口水道沿程的扩散特征，在下游高盐度区域模拟精度较高；变常盐度扩散解析模型更擅长预测盐水入侵长度，在上游低盐度区域模拟精度更高。

(2) 通过稳态盐度扩散解析模型模拟分析了珠江三角洲典型的强径河口磨刀门以及强潮河口虎门的盐度扩散特征。研究发现，磨刀门盐水入侵过程曲线呈凹形衰退，盐度纵向梯度在口门处最大，沿程逐渐减小，其水道顺直形态决定了入侵过程曲线形状，上游径流量控制水道盐度梯度的衰减。虎门盐水入侵过程曲线呈钟形衰退，盐度纵向梯度在口门处较大，沿程先增大再减小，盐度变化过程特征由其喇叭形河口形状决定，虎门存在多处径流源，盐水扩散过程具分段变化特性。

(3) 针对河口多径流源变化动力的特点，基于一维对流扩散方程建立了可反映河口变化径流动力的多源河口盐水入侵解析模型。研究发现，多源河口固有河口属性具有高度整体性，河口边界条件(A_0，s_0)、形状特征(a)、盐水入侵过程特性(K)在模型中始终保持一致性，动力变化造成的影响主要依靠混合系数表征。结合虎门实测数据分析，研究结果表明该多源河口盐水入侵解析模型可以较好地模拟河口沿程径流变化对盐度扩散分布的影响。

(4) 基于多源河口盐度扩散解析模型，提出一种依据盐度混合系数判断径流源有效径流量的方法，结合虎门实测数据分析，研究结果表明该方法可以通过多源河口任一河段及任一径流源数据确定其他河段的盐度混合系数以及有效径流量。根据虎门实际的径、潮动力条件，提出虎门盐水入侵解析预测模型。模型包括三个分段表达的解析式，对应适用于虎门三种不同的咸潮强度情况：一、正常年份非枯季盐水入侵范围距口门 36 km 以内；二、正常年份枯季盐水入侵范围不超过浮标厂；三、旱年枯季盐水入侵范围过浮标厂直逼老鸦岗。

(5) 考虑盐水入侵的时间效应，提出了非稳态盐水入侵解析模型，研究河口盐度扩散时空变化特征。与稳态解析模型比较，非稳态解析模型可以反映潮动力作用和径、潮相互作用对盐度扩散的影响，反演河口盐度扩散周期变化规律，模拟河口盐度与水动力过程异同特征。模型使用虎门实测数据分析了潮汐分潮作用对盐度扩散的影响，初步分析了盐度变化对潮的响应关系。

(6) 盐度和动力过程一般存在一定的相位差，大部分情况下，盐度峰值出现在涨憩之后。通过盐度非稳态解析模式可量化径、潮对盐度周期演变过程中相位变化特征的作用，从而确定潮周期内盐度峰值与涨憩盐度值的相对关系。此外，非稳态解析模型还可作为一种快捷应用工具为相关生产管理部门提供合理的取水时间区间，提高河口水资源的利用效率。

（7）基于非稳态盐度扩散解析解，推导了规则半日潮河口以及混合潮河口的盐度通量输运机制的解析表达式。发现在规则半日潮河口几乎无潮泵作用，在不规则半日潮河口潮泵作用是盐度脉动、潮流脉动、潮汐脉动三者间相互作用的反映。虎门在小潮期间主要呈现半日潮特征，平流输运机制是盐度输运的主导机制，欧拉余流输运占优，无潮泵效应；在大潮期间主要呈现全日潮和半日潮的混合潮特征，平流输运机制依旧是主导机制，斯托克斯漂流输运占优，潮泵效应显著。虎门中游受潮汐捕获机制影响，盐水聚集不易下泄。

6.2　展　望

多源盐水入侵解析模型可以较好地模拟河口盐度扩散分段特性。研究发现，在沿程动力变化转折的水域存在“跳跃点”，虽然前人已论证过盐度跳跃点的存在合理性，但区域盐度平稳过渡可以提高模型的计算整体性和应用便捷性，因而，如何更好地处理转折处盐度和动力关系问题可以作为进一步改善模型的研究思路。

非稳态解析模型可以研究分析河口盐水入侵的时空变化规律。本文通过初步基础研究，分析了全日潮和半日潮共同作用下盐度扩散过程特征，发现潮汐分潮对盐度变化特征有着重要的作用。潮汐动力和盐度扩散的关系十分密切，但目前还处于研究的起步阶段。基于本书的研究结论，进一步的探讨工作可以从两方面下手。第一，尊重实际，考虑更多潮汐分潮簇的物理动力作用，完善解析模型，提高模型模拟精度；第二，应对近岸潮汐长周期大范围的动力变化特征，着眼于盐水入侵长周期、大尺度的时空规律响应研究。

盐度通量输运机制解析式在本书研究中表征了河口两大主要动力因素潮汐和径流间相互作用对河口盐度输运过程产生的影响机理。然而，河口盐度通量的输运过程实际还受到其他动力效应的影响，比如环流效应、风作用以及潮汐变形非线性作用等。因而，在进一步的研究工作中，应该有选择地综合考虑其他动力过程对盐度输运的作用，以确定更完善的盐度通量输运机制解析理论。不仅如此，进一步深化剖析盐度输运机制，还需要从大时间尺度，整个半月周期，动力机制变化规律着手，比较大、中、小三阶段盐度输运占优机制的演变过程，揭示盐度大时间尺度扩散机理。

主要参考文献

[1] Brockway R, Bowers D, Hoguane A, et al. A note on salt intrusion in funnel-shaped estuaries: Application to the Incomati estuary, Mozambique[J]. Estuaries, Coastal and Shelf Science, 2006, 66: 1-5.

[2] Fischer H. Mass transport mechanisms in partially stratified estuaries[J]. Journal of Fluid Mechanics, 1972, 53(4): 671-687.

[3] Fischer H B. Discussion of 'Minimum length of salt intrusion in estuaries' by b. p. rigter, 1973[J]. Journal of the Hydraulics Division, 1974, 100: 708-713.

[4] Fischer H B, List E J, Koh R C Y, et al. Mixing in inland and coastal waters[M]. New York: Academic Press, 1979: 483.

[5] Hansen D V, Currents and mixing in the Columbia River estuary[J]. Ocean Science and Ocean Engineering, 1965, 2: 943-955.

[6] Ippen A T, Harleman D R F. One-dimensional analysis of salinity intrusion in estuaries [R]. Army Engineer Waterways Experiment Station, Vicksburg, MS, 1961.

[7] Kjerfve B, Circulation and salt flux in a well-mixed estuary[J]. Physics of Shallow Estuaries and Bays, 1986: 22-29.

[8] Rigter B P. Minimum length of salt intrusion in estuaries[J]. Journal of the Hydraulic Division, 1973, 99(9): 1475-1496.

[9] Savenije H H G. Salinity and tides in alluvial estuaries[M]. Amsterdam: Elsevier, 2005: 197.

[10] Simmons H B. Some effects of upland discharge on estuarine hydraulics [A]. Proceedings of the American Society of Civil Engineers[C]. ASCE, 1955, 81(9):1-20.

[11] Song Z Y, Huang X J, Zhang H G, et al. One-dimensional unsteady analytical solution

of salinity intrusion in estuaries[J]. China Ocean Engineering, 2008, 22(1): 113-122.

[12] Van Os A, Abraham G, Density currents and salt intrusion[R]. Delft: International Institute for Hydraulic and Environmental Engineering, 1990.

[13] 黄胜,卢启苗. 河口动力学[M]. 北京:水利电力出版社,1995.

[14] 李春初,杨干然. 珠江三角洲的河网特征及其演变[C]//. 中国地理学会 1977 年地貌学术讨论会文集. 北京:科学出版社,1981:67-75.

[15] 乔彭年,周志德,张虎男. 中国河口演变概论[M]. 北京:科学出版社,1994.

[16] 赵焕庭. 珠江三角洲的水文特征[J]. 热带海洋,1983,2(2):108-117.